国家级职业教育规划教材

全国职业院校烹饪专业教材

烹饪基本功训练

朱长征　主编

中国劳动社会保障出版社

简　介

本教材为全国职业院校烹饪专业国家级规划教材，由人力资源社会保障部教材办公室组织编写。本教材共分为七章，对烹饪基本功做了概述，着重讲解了刀工基本功，锅工基本功，调味基本功，挂糊、上浆、勾芡基本功，火候基本功和体能训练基本功的相关知识和训练方法。

本教材由朱长征任主编，尹涛、李茂华任副主编，谢卫国、徐岩岩、邢记、吕胜娇、周杰、杨煜灿参加编写，李顺发审稿。

图书在版编目（CIP）数据

烹饪基本功训练 / 朱长征主编 . -- 北京：中国劳动社会保障出版社，2021

全国职业院校烹饪专业教材

ISBN 978-7-5167-4883-1

Ⅰ. ①烹… Ⅱ. ①朱… Ⅲ. ①烹饪－方法－职业教育－教材 Ⅳ. ① TS972.11

中国版本图书馆 CIP 数据核字（2021）第 164882 号

中国劳动社会保障出版社出版发行

（北京市惠新东街 1 号　邮政编码：100029）

*

北京市白帆印务有限公司印刷装订　　新华书店经销

787 毫米 × 1092 毫米　16 开本　10.25 印张　186 千字

2021 年 11 月第 1 版　2026 年 1 月第 5 次印刷

定价：31.00 元

营销中心电话：400-606-6496

出版社网址：http://www.class.com.cn

http://jg.class.com.cn

前　言

近年来，随着我国社会经济、技术的发展，以及人们生活水平的提高，餐饮行业也在不断创新中向前发展。餐饮业规模逐年增长，新标准、新技术、新设备和新方法不断出现，人们对餐饮的需求也日益丰富多样。随着餐饮行业的发展，餐饮企业对从业人员的知识水平和职业能力水平提出了更高的要求。为了培养更加符合餐饮企业需要的技能人才，我们组织了一批教学经验丰富、实践能力强的一线教师和行业、企业专家，在充分调研的基础上，编写了这套全国职业院校烹饪专业教材。

本套教材主要有以下几个特点：

第一，体系完整，覆盖面广。教材包括烹饪专业基础知识、基本操作技能及典型菜品烹饪技术等多个系列数十个品种，涵盖了中式烹调技法、西式烹调技法及面点制作等各方面知识，并涉及饮食营养卫生、烹饪原料、餐饮企业管理等内容，基本覆盖了目前烹饪专业教学各方面的内容，能够满足职业院校烹饪教学所需。

第二，理实结合，先进实用。教材本着“学以致用”的原则，根据餐饮企业的工作实际安排教材的结构和内容，将理论知识与操作技能有机融合，突出对学生实际操作能力的培养。教材根据餐饮行业的现状和发展趋势，尽可能多地体现新知识、新技术、新方法、新设备，使学生达到企业岗位实际要求。

第三，生动直观，资源丰富。教材多采用四色印刷，使烹饪原料的识别、工艺流程的描述、设备工具的使用更加直观生动，从而营造出更

加直观的认知环境，提高教材的可读性，激发学生的学习兴趣。教材同步开发了配套的电子课件及习题册。电子课件及习题册答案可登录中国技工教育网（jg.class.com.cn），搜索相应的书目，在相关资源中下载。部分教材针对教学重点和难点制作了演示视频、音频等多媒体素材，学生扫描二维码即可在线观看或收听相应内容。

本套教材的编写工作得到了有关学校的大力支持，教材的编审人员做了大量的工作，在此，我们表示诚挚的谢意！同时，恳切希望广大读者对教材提出宝贵的意见和建议。

人力资源社会保障部教材办公室

目　录

第一章
概　　述

学习目标

1. 了解烹饪基本功的基本内容
2. 掌握烹饪基本功的特点
3. 掌握练习烹饪基本功的方法与途径

我国的烹饪技艺历史悠久，源远流长，是我国劳动人民几千年辛勤劳动的成果和智慧的结晶，是祖国宝贵文化遗产的一个组成部分，在世界上享有极高的声誉。在人类社会高度发展的今天，烹饪作为一门具有高度技术性和一定艺术性与科学性的技艺，正不断改善和丰富着人们的物质生活和精神生活，在促进国际交往、发展国际旅游事业等社会活动中，发挥着越来越重要的作用。因此，对于烹饪行业从业人员来说，只有认真学习烹饪理论知识，扎实练好各项烹饪操作基本功，才能在继承传统烹饪技术的同时有所提高和创新。

一、烹饪基本功的概念

俗话说“练武不练功，到老一场空”。这句话充分说明了基本功的重要性，就像盖高楼一样，如果地基打得不牢固，高楼将不稳固，就会倒塌。学习烹饪也是同样道理，烹饪基本功是烹饪专业的基础，无论烹制何种菜肴，采用何种烹调技法，都离不开烹饪基本功。同时，由于烹饪操作是一项复杂、细致、技术性很强的工作，所以要掌握烹饪基本功训练的基础知识，并熟练进行烹饪操作，做到方法正确、操作规范、姿势优美、技法娴熟，如此才能烹制出质量稳定、符合标准的菜肴。

烹饪基本功是指在烹制菜肴的各个环节中所必须掌握的技艺和手法。烹饪基本功的主要内容包括刀工基本功，锅工基本功，调味基本功，挂糊、上浆、勾芡基本功，火候基本功和体能训练基本功等。

具体来讲，烹饪基本功指的是刀工精细，切品形状美观，主辅料下锅及时准确，挂糊上浆均匀适度，正确识别油温，灵活运用火候，勾芡适时恰当，翻锅自如、动作协调，出锅及时，装盘熟练，盘饰美观等。行业上一般把刀工基本功，锅工基本功，挂糊、上浆、勾芡基本功，火候基本功等作为厨师入门的必备基本功。所以，厨师要练好基本功，为今后的工作打下扎实的基础，只有这样才能适应企业的要求，成为一名优秀的厨师。

二、烹饪基本功的特点

烹饪基本功是一门综合性技能，内容丰富，操作性和技术性很强，涉及的知识面广，与许多学科联系密切，包括物理学、烹饪化学、烹饪原料学、体育、人体工程学等。例如，在锅工基本功训练中，要掌握受力点、力臂与力矩的关系等；在刀工基本功训练中，要掌握用刀的角度、用刀的力度、用力的方向以及原料成型的规格、形状和尺寸等；调味基本功需要了解调味品的性质和特点，了解复合味的口味转换等；挂糊、上浆、勾芡要了解不同粉芡的性质和特点；火候基本功要了解火焰的燃烧特点、火焰的大小和火力的关系等。所以，要把烹饪相关的学科与技术视为一个整体，针对多学科在烹饪基本功中的不同作用和特点来学习烹饪基本功。

三、练习烹饪基本功的方法与途径

为了更好地继承和发扬我国传统的烹调技术，为烹调实践打下基础，必须努力练好烹饪基本功。具体应从以下几个方面做起：

1. 思想重视，严格要求

常言说“万事开头难”，有了好的开端，才能使后面的工作更加顺利，基本功练习也是如此。烹饪基本功涉及的内容较多，厨师对烹饪的认识也是从基本功练习开始的，对于一名厨师来说，烹饪理论知识固然重要，但更重要的还是要看其有没有扎实、过硬的烹饪基本功。许多传统名菜名点的制作工艺精细，难度较大，需要很高的烹饪技巧，如不具备扎实的烹饪基本功很难制作到位，只有掌握过硬的烹饪基本功，才能烹制出色、香、味、形、卫、养俱佳的名菜名点。

2. 爱岗敬业，勤学苦练

俗话说“三百六十行，行行出状元”。从事烹饪工作的人员要做到爱岗敬业，端正态度，同时要有吃苦耐劳的精神。任何一项技能的掌握，都不是一朝一夕就能完成的，需要经过反复实践和总结。许多优秀的厨师之所以能“身怀绝技”，都是经过长时间勤学苦练获得的。

3. 体魄健康，动作规范

目前，中式菜点主要还是靠手工制作，制作时需要消耗一定的体力，如刀工和临灶需要有较强的臂力和腕力，同时还要站立操作，工作时间也较长，如果没有强健的身体是无法完成这一工作的。因此，厨师平时要注意锻炼身体，加强体能训练，提高身体素质，以适应烹饪工作的需要。

烹饪基本功技术性很强，平时的训练要注意方法，要强调姿势正确、动作规范。正确的姿势、动作是加工出合格产品的重要保证，否则不仅无法加工出合格的产品，还会降低劳动效率，也容易给操作者带来伤害。

4. 知识丰富，联系实际

烹饪基本功的理论知识来源于实践的积累。厨师要理解、掌握、应用烹饪基本功课程讲授的理论知识，在实践活动中多加练习，把理论与实践结合起来，掌握操作要领，避免走弯路，提高练习的效果和质量。

5. 耐心细致，精益求精

烹饪基本功包含的内容大部分都是基础性工作，如果基础打不好，就会影响下一道工序的工作，导致整体工作质量无法保证。因此，烹饪基本功练习质量要求较高，要一丝不苟、精益求精地完成。

总之，烹饪基本功是一项系统性的技能，包括内容广、项目多，练习要持之以恒。另外，在进行烹饪基本功训练时，要加强团队意识和协作精神的培养，使自己在职业素养方面也有相应的提高。

思考与练习

问答题

1. 什么是烹饪基本功？包括哪些内容？
2. 烹饪基本功在烹饪行业中的特点是什么？
3. 怎样练好烹饪基本功？

第二章
刀工基本功

学习目标

1. 了解刀工的意义和作用
2. 掌握刀工设备的种类、用途及保养方法
3. 掌握刀工的基本姿势
4. 掌握各种刀法相关知识
5. 掌握原料成型相关知识

中国素有“烹饪王国”之称，在世界上享有很高的声誉。丰富多样的菜品不仅依靠烹饪技术来实现，还需要精湛的刀工技术与之相配合。刀工操作的技术性强，劳动强度大。随着烹饪科技的发展，出现了多种烹饪机械和设备，如绞肉机、切片机、锯骨机、切菜机、削皮机等，它们已在现代厨房中广泛应用，但对于技术要求高、操作难度大的原料加工，仍然要通过厨师的刀工技术来完成。

第一节　刀工基础知识

刀工是厨师必须具备的基本技能，刀工技术的高低对菜肴烹制后的色、香、味、形及卫生等方面都有重要的影响。

一、刀工的意义与作用

刀工是指根据烹调、食用和美化的要求，使用各种刀具，运用各种刀法，将烹饪原料加工成符合烹调要求的各种形状的操作技术。

1. 刀工的意义

由于烹饪原料种类繁多，性质各异，大小不一，老嫩不同，绝大多数烹饪原料仅通过初步加工还不能直接用于烹调。同时，不同的菜肴以及不同的烹调方法要求原料有不同的形状，这就需要运用刀工技术将烹饪原料加工成符合烹调和菜肴质量要求的形状。随着人们生活水平的提高，菜肴已不只是为了满足人们饱腹的需要，而更注重其营养及给人以美的享受，过大、过厚、过长或过宽的原料均不利于烹调，也不利于人们食用及人体消化吸收，这也要求运用刀工将原料加工成既美观又便于人们食用的形状。总之，刀工是中国烹饪的重要组成部分，是烹饪过程中的重要工序，也是学好烹调技术的重要环节。

2. 刀工的作用

刀工不仅能决定烹饪原料的形状，影响菜肴的“形”，而且对菜肴还具有其他方面的作用。

（1）便于烹调，便于入味

烹饪原料的种类、质地及形状既与加热时间密切相关，也与调味品的渗透有直接关系。运用各种刀法将不易成熟、难以入味或需旺火速成的菜肴原料加工得细小一些或剞上刀纹，以此增加原料的受热面积，缩短成熟时间，有利于调味品的渗透，从而保持菜肴的风味特色。

（2）便于食用，利于消化

人们饮食的最终目的是摄取食物中的各种营养素。烹饪原料只有通过刀工处理，由大变小，由粗改细，由整改碎，才能方便食用，进而促进人体的消化和吸收。有些原料在烹调时是大块原料，但在食用之前需要进行刀工处理，以方便食用。除少数菜肴因风味特点的要求，需要保持原料的原形，大多数菜肴都要运用刀工对原料进行加工处理。

（3）提高嫩度，改变质感

影响肉类原料嫩度的主要因素是肌肉纤维的粗细、结缔组织的多少及含水量等。要想使肉类菜肴达到质嫩的效果，除了依靠相应的烹调技法及上浆、挂糊、滑油、加嫩肉粉等措施以外，还可以用刀工加以处理，如采用切、剞、捶、拍、剁等方法，使肌肉纤维组织断裂、松弛或解体，扩大肌肉的表面积，从而使更多的蛋白质亲水基团暴露出来，增加肉的持水性，然后通过烹调即能达到肉质嫩化的效果。

（4）美化形态，增进食欲

“形”是评价菜肴质量的重要标准之一，整齐、均匀、一致的原料形态会使菜肴在视觉上给人以美的享受，增进食欲。运用各种花刀法并结合点缀、镶嵌等工艺手法，可制作出技术与艺术融为一体的、丰富多彩的、式样各异的菜肴。

（5）丰富菜肴，增加品种

运用刀工可以把不同质地、不同颜色的原料加工成各种形状，并辅之以拼、摆、镶、嵌、叠、卷、排、扎、酿、包等工艺手法，制成各种造型优美、生动别致、异彩纷呈的菜肴。还可以运用刀工把同一种原料加工成不同的形状，制成多种菜肴。

二、刀具

刀具指专门用于切割烹饪原料的工具。烹饪原料的成型规格和质量直接影响着菜肴的质量，为了将不同种类、质地的原料加工成符合菜肴制作要求的规格，必须掌握刀具的种类及用途，在原料加工时选择合适的刀具。

1. 刀具的种类

刀具的种类很多，且具有很强的地方特色。在烹饪行业中，通常按刀具的形状和用途分类，按形状可分为方头刀、圆头刀、马头刀、尖头刀等，按用途可分为批刀、切刀、斩刀、前切后斩刀及其他类型刀具等。

（1）批刀

批刀又称片刀，重量轻，刀身薄，刀刃锋利，形状多为长方形，适用于将质地较嫩的、无骨的动植物原料加工成片、丝、条、丁等形状。

（2）切刀

切刀的形状与批刀相似，重量比批刀略重，刀身比批刀略宽、略厚，应用范围较广，既可用于切片、条、丝、块、丁、粒等，又可用于加工略带细小骨头或质地较硬的动植物原料。

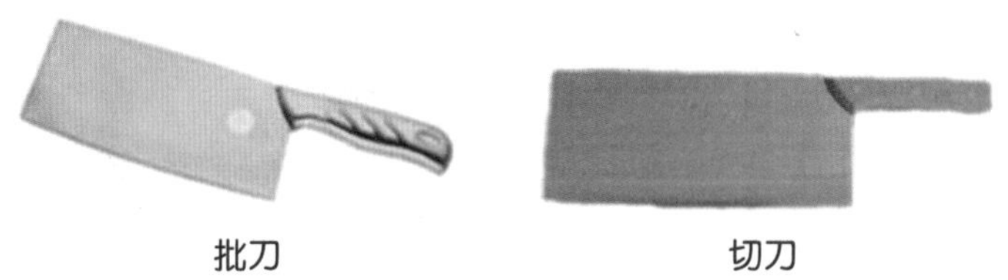

批刀　　切刀

（3）斩刀

斩刀又称砍刀、劈刀、骨刀、厚刀，刀身厚重，形状各异，以长方形和圆形居多，主要用于加工带骨或质地坚硬的原料。

（4）前切后斩刀

前切后斩刀又称文武刀，刀身前半部分薄而锋利，近似于批刀，刀身后半部分厚而钝，近似于斩刀。前切后斩刀综合了切刀和斩刀的用途，刀的前半部分能批、切无骨的动植物原料，后半部分能砍小型带骨的原料，如鸡、鸭、排骨等。

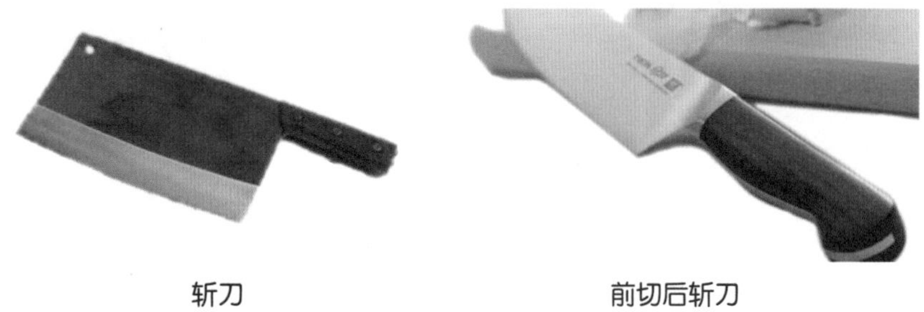

斩刀　　前切后斩刀

（5）其他类型刀具

1）刮刀。刮刀体形较小，刀刃不太锋利，主要用于鲜鱼去鳞，也可用于刮去菜墩上的污物和原料上的余毛。

2）烤鸭刀。烤鸭刀又称小批刀，形状与批刀相似，刀身比批刀窄而短，刀体较轻，刀刃锋利，主要用于批熟烤鸭肉。

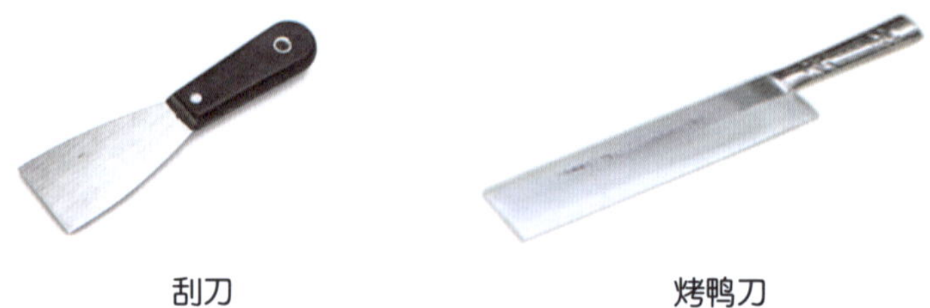

刮刀　　烤鸭刀

3）羊肉刀。羊肉刀刀身呈长方形，刀刃长而锋利，质轻而薄，主要用于切制涮肉片。

4）尖刀。刀形前尖后宽，呈三角形，重量较轻，多用于刮鱼鳞和剔骨，此刀在西餐菜肴制作中使用较多。

羊肉刀　　尖刀

5）镊子刀。镊子刀前半部分是刀，呈三角形，后半部分（即刀柄）是镊子，刀的部分主要用于挖、刮、剖等原料初加工，镊子用于夹鸡、鸭等原料上的余毛。

6）雕刻刀。雕刻刀是专门用于食品雕刻的刀具，一般用不锈钢或铜质材料精制而成，小巧灵便，刀口锋利，品种较多，按其形状和用途可分为平口刀、斜口刀、圆口刀、槽口刀、模具刀等，使用者也可根据具体操作需要和使用习惯自行设计制作雕刻工具。

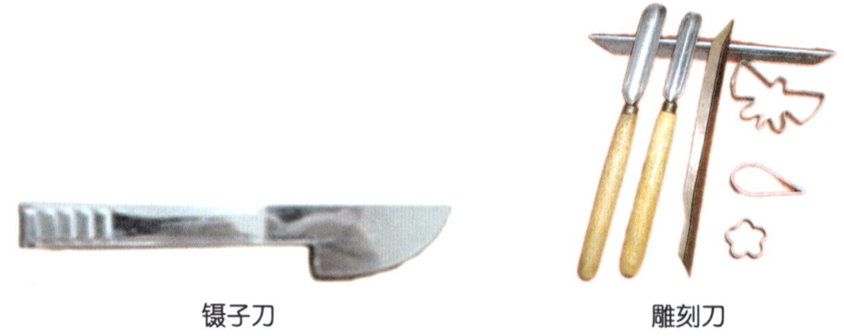

镊子刀　　雕刻刀

7）剪刀。剪刀多用于鱼、虾等动物内脏及蔬菜原料的加工整理。

8）拍皮刀。拍皮刀刀身光滑，刀口较钝，形状近似批刀，主要用于制作虾饺及同类性质面皮的拍皮。

9）刨刀。刨刀的样式较多，主要用于刮除蔬菜和瓜果的皮。

刨刀

2. 磨刀

为了提高原料的切割效率和成型质量，须使用刀口锋利的刀具。“工欲善其事，必先利其器”表明了磨刀的重要性。

（1）磨刀石

磨刀石是磨砺各种烹饪刀具的用具，多呈长条形，规格、尺寸、大小不一，主要功能是通过刀具在石面上反复磨砺，使刀刃锋利、无锈、无缺口、不变形且能与菜墩吻合良好，保证运刀效果，达到切制原料的要求。

磨刀石按其材料来源可分为天然磨石和人工磨石两类。

天然磨石是用天然石料经加工而成的磨石，可分为两种：一种是粗石，主要成分是黄砂，颗粒较粗，质地较硬；另一种是细石，主要成分是清砂，颗粒细腻，硬度适中。

人工磨石是用金刚砂等材料人工合成的磨石，质地软中带硬，有粗细之分。粗磨刀石颗粒粗，质地松而硬，常用于新刀开刃、磨斩刀或磨有缺口的刀具。细磨刀石颗粒细腻，质地坚实，能将刀具磨锋利且不伤刀口，应用最广。此外，还有粗细磨刀石合在一起的磨刀石，即一面是粗磨刀石，另一面为细磨刀石，使用方便。

天然磨石

人工磨石

（2）磨刀技术

1）磨刀准备。根据刀具种类的不同及锋利状况，合理选择磨刀石，然后将磨刀石平稳放置在高度为磨刀者身高一半的磨刀架上，以前面略低、后面略高为宜。为防止磨刀石在磨刀过程中滑动，可在磨刀石下垫一块湿布。磨刀前先要把刀身上的油污擦洗干净，在磨刀石旁放一盆清水备用。

2）磨刀姿势。磨刀时，两脚自然分开或一前一后站稳，上身微前倾，收腹，重心前移，一手握住刀柄，一手按住刀身前端，刀刃朝外，平放在磨刀石上。

3）磨刀方法。在磨刀石和刀面上淋上水，将刀刃紧贴石面，刀背略翘起，使刀面与石面成一定夹角，角度的大小根据刀具的不同而有所区别，一般为 3° ~ 5° 。磨刀须按一定程序进行，先向前平推至磨刀石尽头，然后向后提拉。当磨刀石面起砂浆时，须适量淋水。刀具一面磨数次后，再磨另一面，如此反复，直至刀刃锋利。磨完后，洗净刀具上的浆水并擦干即可。

磨刀准备

磨刀姿势

磨刀方法

（3）磨刀注意事项

1）始终保持刀面与石面的夹角不变，不可忽大忽小。

2）前推后拉用力平稳、均匀一致。

3）磨刀时重点放在刀口锋面部位，前、中、后要磨均匀。

4）刀刃两面磨的次数要基本相等，才能保持刀刃平直锋利。

（4）刀刃检验方法

1）刀具磨好后，将刀刃朝上，直视刀刃，如果从刀刃上看不见白色的光泽，表明刀已磨锋利，如果有白痕，表明刀刃不锋利。

2）用大拇指在与刀刃垂直方向上轻刮，如感觉毛糙，表明刀已磨锋利。

3）将刀刃轻轻在手指甲上拉动，如有涩感，表明刀刃锋利。

4）用抹布试锋，如切边整齐，刀口不移位，表明刀刃锋利。

3. 刀具的保养

刀具在使用过程中及使用后的保养是延长刀具使用寿命、确保刀工质量的重要保证。刀具的保养要做到以下几点：

（1）根据刀具的用途和形状特点，运用正确的磨刀方法，保持刀刃锋利，常用的刀具要经常磨砺。

（2）掌握刀工操作的要领，养成良好的操作习惯，加工不同性质的原料要合理选择刀具和刀法。

（3）刀具使用后必须先用水将刀身上的污物清洗干净，再用清洁的抹布擦干。尤其是加工带咸味、酸味、碱性及有黏性或腥臊等异味较重的原料（如咸菜、藕、山药、鱼等）之后，黏附在刀身上的盐、无机酸、鞣酸、碱等物质容易使刀氧化变黑、生锈或腐蚀，不仅降低刀具的锋利度，还会污染所加工的原料。

（4）刀具使用后要挂在刀架上，刀刃不能碰撞硬物，或存放在安全、清洁、干燥处，既卫生又可防止伤人。

（5）长时间不用的刀具，要在刀身上涂少许油，以防止其氧化、生锈、腐蚀。

三、菜墩

菜墩又称砧墩、墩子、墩头，是运用刀具对烹饪原料加工时的衬垫工具，它对刀工操作起着重要的辅助作用。菜墩质量的优劣关系到刀工操作能否顺利进行，关系到原料成型的规格能否符合要求，进而影响菜肴成品的质量。

1. 菜墩的种类

菜墩的种类较多，按材料分主要有木质、塑料、木质与塑料复合型三种，按形状

分主要有圆形和方形两种，按所加工原料的生熟性质可分为生食菜墩和熟食菜墩。在现代厨房中还有以颜色区分菜墩用途的，根据原料性质选择不同颜色的菜墩，实现了菜墩专用化，既安全又卫生。随着烹饪科技的发展，还出现了以耐振天然橡胶制成的无声菜墩，不仅在刀工操作时噪声小，而且可避免因刀刃滑动而伤到手指，使用后还可以对折存放，既安全又实用。

（1）木质菜墩

制作木质菜墩通常选用木质坚实，木纹细腻，密度适中，弹性好，不损伤刀刃，材料不空、不烂，无疤、无异味，截面微青且颜色均匀无花斑的木材，如柳树、榆树、银杏树、橄榄树、皂角树等。菜墩一般以厚 15 ~ 25 厘米、直径 30 ~ 45 厘米为宜。除了原木菜墩以外，加工压制的木菜墩（板）、竹菜墩（板）在厨房中也广泛使用。

（2）塑料菜墩

塑料菜墩多由聚酯塑料制成，其优点是比较清洁，不易腐蚀；缺点是受热易变形，易老化，不宜进行斩、剁等操作，在操作过程中易产生塑料碎末，影响饮食安全。

木质菜墩

塑料菜墩

（3）木质与塑料复合型菜墩

木质与塑料复合型菜墩是新型的切割枕器，它集合了木质与塑料菜墩的优点，优质耐用，适合各种烹饪原料的加工。

2. 菜墩的使用

不论哪一种类菜墩，在使用过程中都要注意以下几点：

（1）菜墩的摆放要平稳牢固，以保证刀工操作过程顺利进行，否则既增加劳动强度，又不安全。

（2）不能长久使用菜墩面的同一个位置，应均匀使用菜墩的整个平面，以保持菜墩磨损均匀，防止墩面凹凸不平，影响原料加工质量。

（3）根据原料的不同性质选择不同的菜墩。

（4）在加工带有黏液或有异味的原料后，要及时刮净墩面，以防止加工其他原料时产生滑动或串味。

3. 菜墩的保养

（1）新的木质菜墩首先要进行修整刨平，然后放入盐水中浸泡数小时甚至更长时间，或放入热水中煮透，使木质收缩、紧实细密。

（2）菜墩使用后要将墩面的污物刮净，再用清水或碱水刷洗干净，竖放晾干，防止其腐蚀、发霉。

（3）木质菜墩忌曝晒，在气候干燥、温度较高的季节，要用淋湿菜墩的方法使其保持一定湿度，防止其干裂。

（4）菜墩使用至墩面出现凹凸不平的情况时，要及时修整刨平，以保证原料加工的质量。

四、刀工基本操作方法

1. 对操作者的基本要求

（1）要有较好的身体素质

刀工操作劳动强度大、时间长、消耗体力多，操作者要有健康的体魄，灵活且持久的腕力和臂力。只有加强身体锻炼，保持良好的身体素质，才能保证进行刀工操作时技术稳定，运刀自如，出刀有力，落刀准确，进而提高工作效率，确保原料成型规格符合菜肴质量要求。

（2）操作时精神集中，注意安全

由于刀工操作所使用的刀具大多较锋利，稍有不慎便会造成刀伤事故，所以在操作时要精神集中，目不旁视，切不可左顾右盼，心不在焉，边操作边说笑，以免造成事故。

（3）掌握并熟练运用各种刀法

熟练的刀法可提高工作效率，降低劳动强度，提高菜肴成品的质量。根据原料的性质合理选择刀法，并能在操作过程中熟练运用。

（4）注意饮食卫生

刀工是菜肴制作过程中的一道重要工序，它直接影响菜肴的质量。因此，在刀工操作前，操作者要对原料进行质量检验，保证原料的品质；在刀工操作过程中，要注意生、熟原料要分墩、分刀操作，保持操作环境、所用工具及个人卫生。

2. 刀工操作的目测和指法

刀工操作的目测和指法是学习刀工技术的重要内容，二者关系密切，经刀工加工处理后的原料规格是否符合要求，取决于准确的目测能力和运用指法的质量。目测和指法对提高刀工质量、操作技能、操作速度和降低劳动强度都具有重要作用。

（1）目测能力及其作用

目测能力又称眼力，是指用眼睛观察所加工成型的原料是否符合规格要求的能力。不同的菜肴对烹饪原料的形状有不同的要求，操作者在对原料进行刀工处理时要靠目测估算出原料形状、大小是否符合规格的要求，这就要求操作者首先要对不同规格的原料形状和尺寸烂熟于心，经过反复实践，以提高目测能力；其次，要求操作者要有丰富的操作经验和较高的估算能力，只有这样才能在操作过程中得心应手地运用目测能力。

（2）指法及其运用

1）基本指法。基本指法主要针对直切刀法。刀工操作时基本的手法是左手五指合拢，自然弯曲，稍有间隙，前后有序。手掌和手指在刀工操作过程中既分工合作，又相互配合。

中指向掌心方向自然弯曲，第一节指背紧贴刀身，轻按原料，控制、调节刀距。

食指和无名指略在中指后面，向掌心方向自然弯曲，垂直向下用力，按稳原料，以使其不滑动为宜。

小拇指自然弯曲，呈弓形，协助无名指和大拇指按或捏住原料，防止原料左右滑动移位。

大拇指略向里弯曲，平放在原料边上，协助食指和小拇指共同扶稳原料，同时起部分力的支撑作用，避免手的重心过于集中在中指和手掌上。

手掌紧贴墩面，使重心主要集中到手掌上，从而使各个手指灵活自如。如果失去手掌的支撑，下压力及重心就会前移至手指上，使各个手指的活动度受到限制，易出现刀距不匀、忽宽忽窄的现象。

2）手指移动方法。根据所加工原料性质的不同，手指移动的方法主要有连续平移式、间歇跳动式、交替移动式和综合式四种。

● 连续平移式。手指按基本指法要求放置，保持固定手势，向手指弯曲方向连续移动，刀距大小可根据需要灵活调整。这种指法中途很少停顿，速度较快，主要适用于各种脆性原料的加工。

● 间歇跳动式。手指放置与连续平移式相同，以中指为中心，中指、食指、无名指、小拇指四指合拢，自然弯曲。移动时四个手指一同朝手心方向缓慢移动，边移动边切割原料，待手势呈半握拳状态时，稍作停顿，重心落在手掌和大拇指外侧部位，然后，其他四指不动，手掌微抬，大拇指相随，向后移动，此时重心落在以中指为中心的四个手指上，当手掌向后移动，恢复自然弯曲状态时，可继续切割原料，如此反复。此指法适用范围较广，对动植物原料均可运用。

● 交替移动式。手指放置与连续平移式相同，中指轻按原料不抬起，食指、无名指和小拇指交替起落，以大拇指外侧为支撑点，手掌轻贴原料，整个手的重心全部集中在大拇指外侧指尖部位，手掌向后缓慢移动，并牵动中指和其他三个手指一起向后移动。此指法动作连贯，很少停顿，速度较快，但难度较大，不易掌握，主要适用于剁肉丝和切制原料。

● 综合式。在同一原料上，运用不同的指法。这种指法主要适用于集老、韧、嫩于一体，单纯使用一种指法难以奏效的原料加工。

3. 刀工操作基本姿势

刀工操作的姿势是厨师一项重要的基本功，主要包括站立姿势、握刀手势和放刀要求。

（1）站立姿势

刀工操作时要求身体保持直立，自然含胸，头部端正，双眼正视操作部位；腹部与菜墩保持约 10 厘米的距离；菜墩放置的高度以操作者身高的一半为宜；不耸肩、不懈肩；双脚自然分立站稳，与肩同宽，呈外八字形；重力分布均匀。

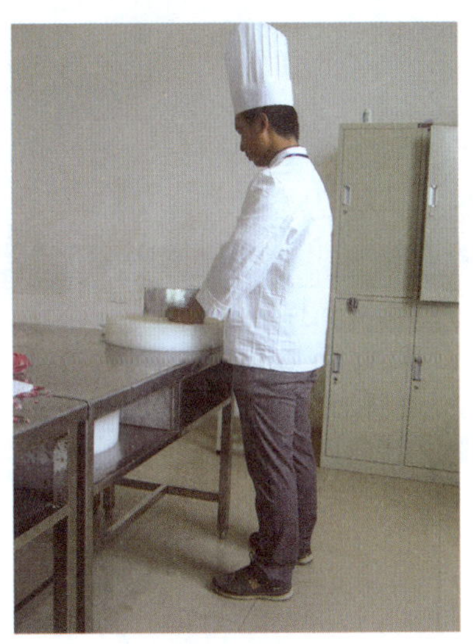

站立姿势

（2）握刀手势

刀工操作时，握刀的手势与所加工原料的质地、运用的刀法和操作者的习惯有关。总的握刀要求是：牢而不死，硬而不僵，灵活有力，轻松自然，达到稳、准的目的。正确的握刀手势为：手心紧贴刀柄，小拇指、无名指紧捏刀柄，中指握刀箍，大拇指和食指捏住刀身。

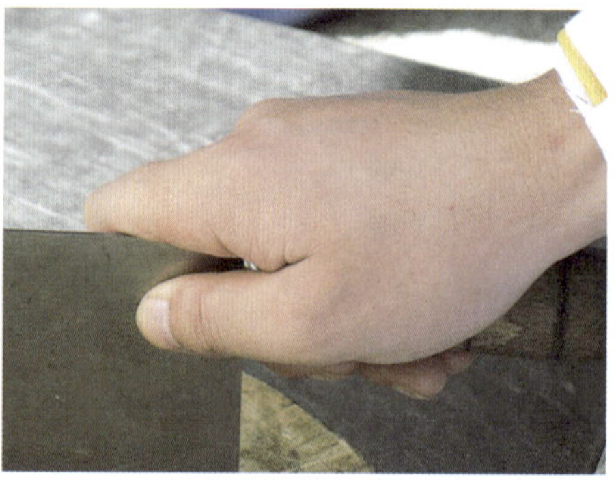

握刀手势

（3）放刀要求

刀工操作完毕，刀具的放置有严格的要求：暂时不用的刀具应平放在墩面中央，刀背朝向操作者，前不出刀尖，后不露刀柄。长时间不用的刀具，应放置在安全的、规定的地方，以便刀具的保养和取用。

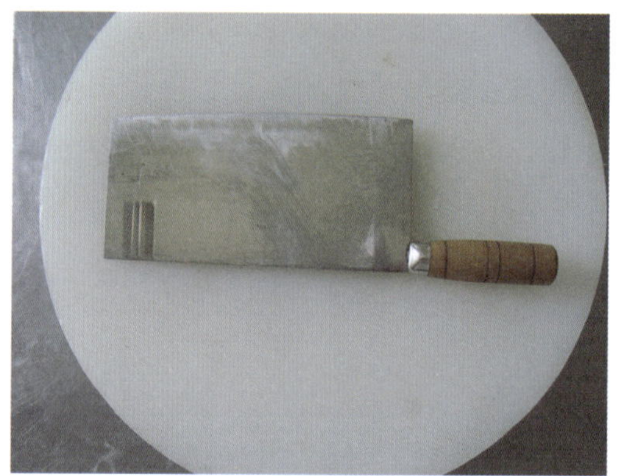

放刀要求

思考与练习

一、问答题

1. 如何保养刀具？
2. 如何正确使用菜墩？
3. 如何保养菜墩？
4. 磨刀时应注意哪些事项？
5. 刀工的作用是什么？

6. 刀工对操作者的基本要求是什么?

7. 刀工的基本手法是什么?

二、实训题

1. 根据本节所学知识进行磨刀练习。

2. 练习刀工操作手法。

第二节　基本刀法

刀法是运用刀具的各种操作方法，即根据原料的质地和烹调及食用的要求，将各种原料加工成一定形状时所运用的行刀技法。

刀法的种类很多，各地方的刀法在名称和操作要求等方面也不尽相同。根据原料加工程度的不同，刀法可分为初加工刀法、细加工刀法和精加工刀法。根据刀刃与菜墩或原料的接触角度不同，刀法可分为直刀法、平刀法、斜刀法、剞刀法及其他刀法等。

一、直刀法

直刀法是指刀身与墩面或原料接触面成直角行刀的方法。在对烹饪原料进行加工处理时，直刀法是最常用、最基础的一种刀法，也是学习烹饪刀工的入门技法。根据用力大小和刀上下运动的幅度，直刀法又可分为切、斩（剁）、砍（劈）等几种方法。

1. 切

切是直刀法中刀的运动幅度最小的刀法，一般适用于加工脆性的植物性原料和无骨、无冻的动物性原料。其基本操作方法是：左手按稳原料，右手持刀，对准原料按要求切下去即可。由于原料的性质和各地操作者行刀习惯不同，切还可分为多种不同的方法。

（1）直刀切（又称跳切）

【操作方法】左手按稳原料，右手持刀，刀刃中前部对准原料被切部位，刀身垂直落下将原料切断，如此反复，直至切完原料。

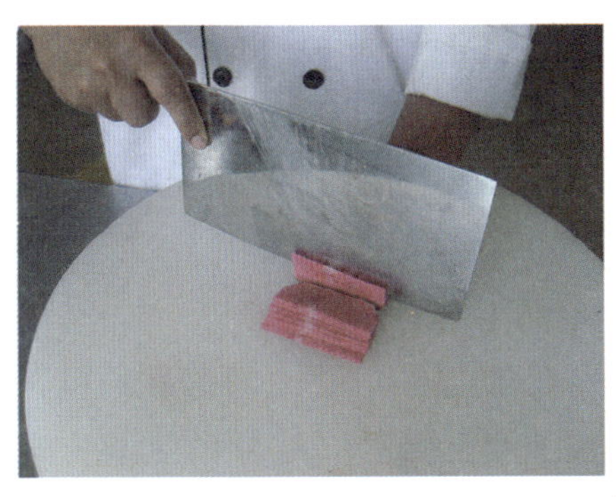

直刀切

【操作要领】

1）左手五指自然弯曲，与手掌配合轻轻按稳原料，右手正确握稳刀具，垂直放在原料被切部位。

2）左手按照原料加工的规格要求均匀向后移动，右手落刀间距以左手移动距离为准，确保所切原料间距均匀一致。

3）下刀要垂直，用力要均匀，刀刃不能偏斜。

4）两手配合要协调而有节奏，右手持刀上下运动，左手均匀向后移动，连贯自然。

【适用原料】适用于加工脆性原料，如萝卜、莴笋、黄瓜、土豆等。

（2）推刀切

【操作方法】左手按住原料，右手持刀，刀刃的前部对准原料被切部位，刀身与原料垂直，由上而下，自刀尖向刀跟方向推切下去，一刀切断原料。

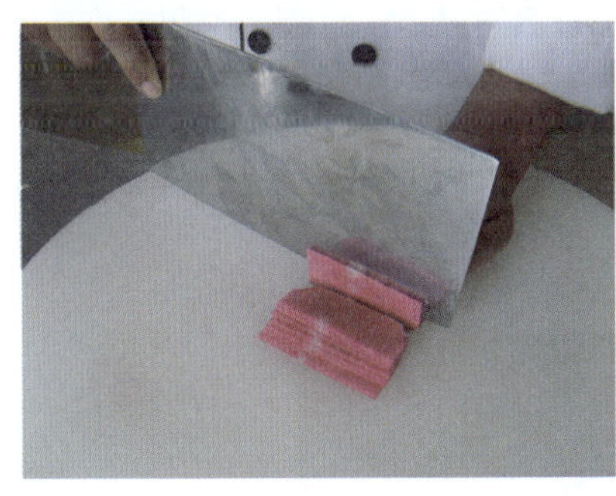

推刀切

【操作要领】

1）左手按住原料，用力比直刀切稍大，防止原料滑动，以免原料成型不整齐。

2）左手向后均匀移动，以确保刀距相等。

3）在推刀切过程中，通过右手腕的起伏摆动，使刀在行进过程中产生一个小弧度，加大刀刃在原料上的运行距离，使原料易于切断。

4）推刀切时，刀的着力点在刀跟，用力要充分，将原料一次切断，防止连刀。

【适用原料】适用于加工各种无骨的韧性原料，如猪肉、牛肉、羊肉等，也可用于加工带细小骨刺的原料，如鱼肉等，还可用于加工无骨较硬的原料，如海蜇、火腿等。

（3）拉刀切

【操作方法】拉刀切是与推刀切相对的一种刀法。操作时，左手按住原料，右手持刀，刀刃的中后部对准原料被切部位，刀身垂直自上而下，从刀跟向刀尖方向拉切下去，一刀将原料切断。

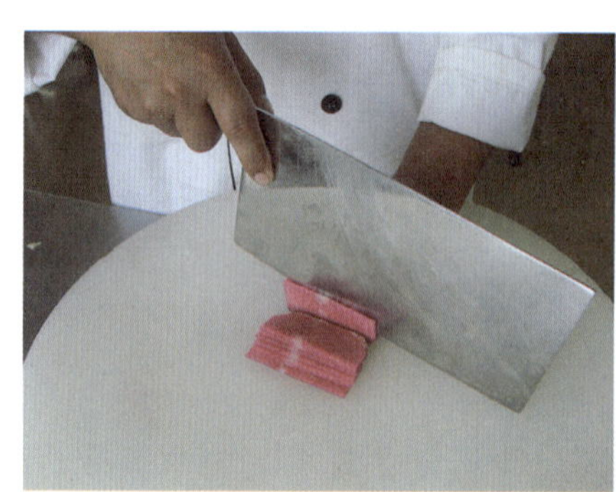

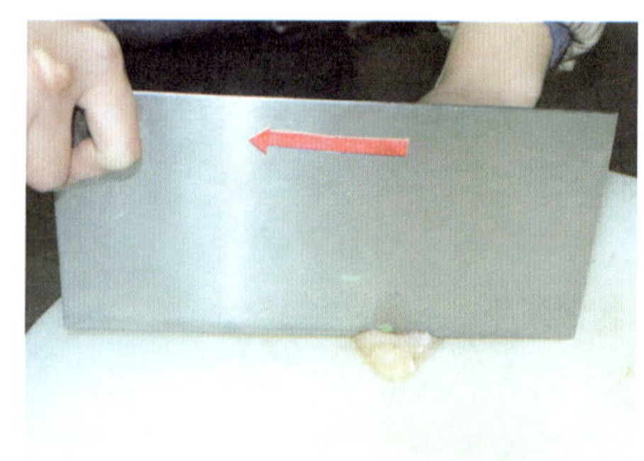

拉刀切

【操作要领】

1）左右手的配合、手腕的摆动、运刀力度、对原料的要求等与推切相同。

2）拉刀切时，刀的着力点在刀尖。

【适用原料】适用于加工较薄、韧性较弱的无骨原料，如里脊肉、鸡脯肉等。

（4）推拉刀切（又称锯切）

【操作方法】推拉刀切是一种推刀切和拉刀切连贯起来的刀法。操作时，左手按住原料，右手持刀，先将刀向刀尖方向推，再向刀跟方向拉，一推一拉如拉锯一样，将原料切断。

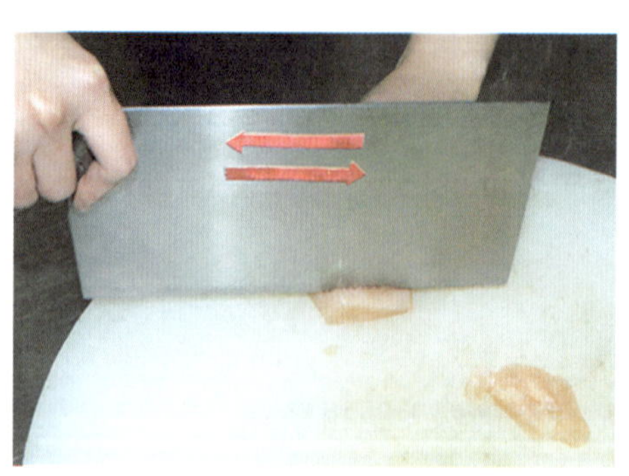

推拉刀切

【操作要领】

1）左手要按稳原料，切断原料之前不可移动，以免运刀失去依据。

2）运刀要垂直，以保切下的证原料厚薄一致。

3）如原料质地松散，落刀不能过快，用力也不能过重，以免原料碎裂或变形。

【适用原料】适用于加工质地较硬、无骨或松软易碎的原料，如火腿、熟牛肉、面包等。

（5）铡刀切

【操作方法】刀身与原料或墩面垂直，刀刃的前部或中部放在原料上，两手交替或单手用力切断原料，其具体操作方法有三种：

1）右手握住刀柄，左手按住刀背前端，刀尖着墩，刀后部提起，刀刃对准原料被切部位，刀尖不动，刀柄向下，用力压切至原料断裂。

2）右手握住刀柄，刀跟着墩，刀尖提起，刀刃对准原料被切部位，刀跟不动，左手用力下压刀背，切断原料。

3）右手握住刀柄，左手按住刀背前端，刀刃压住原料，右手压切下去，左手提起来，左手压切下去，右手提起来，如此反复，直至切碎原料。

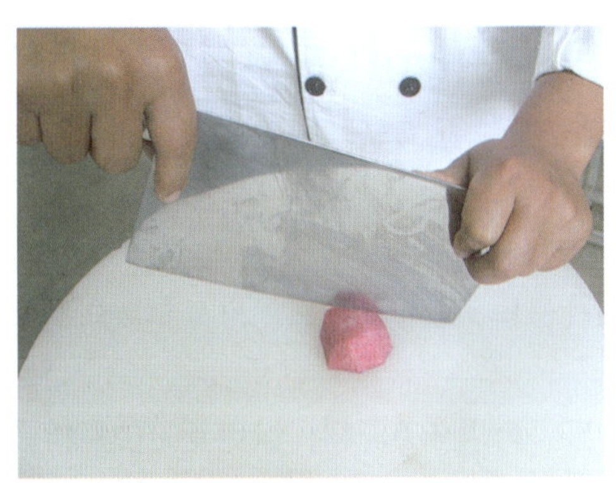

铡刀切

【操作要领】

1）前两种操作方法要将刀对准原料被切部位，并且使原料不得移动，落刀位置要准确，动作要快，干净利落。

2）第三种操作方法要求双手协调配合，用力均匀，并将原料向中间靠拢。

【适用原料】适用于加工带壳或带细小硬骨的原料，如熟蛋、蟹、烧鸡等。此外，加工形圆、体小、易滚动的原料也适宜用这种刀法，如花椒、花生等。

（6）滚料切

【操作方法】左手按住原料，右手持刀，刀刃对准原料被切部位直切下去，每切一刀，将原料滚动一次，如此反复，直至切完原料。

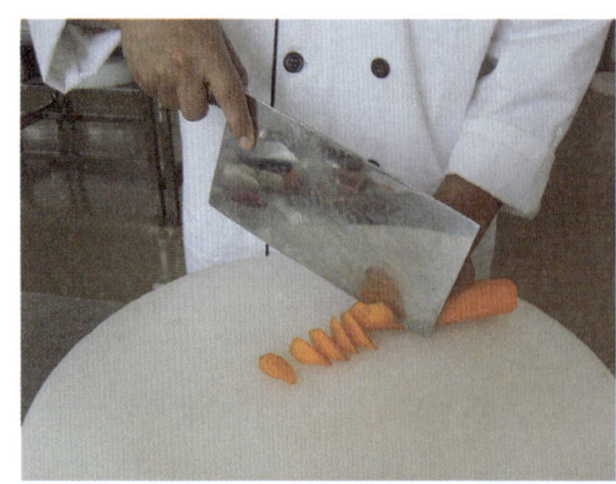

滚料切

【操作要领】

1）双手协调配合，原料滚动与刀的起落要衔接紧凑。

2）左手滚动原料的角度要适中，右手运刀切制原料要有一定的角度。

3）加工同一块原料，运刀角度要保持一致，以保证加工后的原料整齐划一。

【适用原料】适用于加工质地脆嫩的圆形、圆柱形或圆锥形原料，如胡萝卜、莴笋等。

2. 斩

斩又称剁，是刀身与墩面或原料基本保持垂直的行刀方法，用力及刀的运动幅度比切大。斩一般可分为直刀斩、排刀斩、拍刀斩、单刀排捶、双刀排捶、刀尖（跟）排等几种。

（1）直刀斩（又称直刀剁）

【操作方法】左手按住原料，右手持刀，对准原料要斩的部位，垂直用力斩下去。

【操作要领】

1）用力要稳、准、狠，力求一刀断料，以免复刀使原料破碎，影响菜肴质量。

2）左手按料的位置要离落刀点稍远，如原料较小，落刀时左手要及时移开。

3）为了避免损伤刀刃，一般用刀的跟部斩断原料。

【适用原料】适用于加工带骨或较硬的原料，如猪大排、鸡、鸭以及冷冻的肉类。

（2）排刀斩（又称排刀剁）

【操作方法】双手各持一把刀，双刀之间隔一定距离，刀身与墩面垂直，双刀上下交替运动，定时翻动原料，直至将原料斩成所要求的形状为止。

【操作要领】

1）双手握刀要稳而灵活，不可相互碰撞。

2）要运用手腕的力量，双刀起落要有节奏，排斩有序。

3）刀要垂直起落，幅度和用力大小依原料的质地和数量而定。

排斩

4）要定时翻动原料，使原料排斩均匀。

【适用原料】适用于将无骨的原料加工成粒、末、泥、茸等形状，如肉末、鱼茸、姜末等。

（3）拍刀斩

【操作方法】右手持刀，刀刃对准原料被斩部位，刀身与墩面垂直，用左手掌心或掌跟拍击刀背，切断原料。

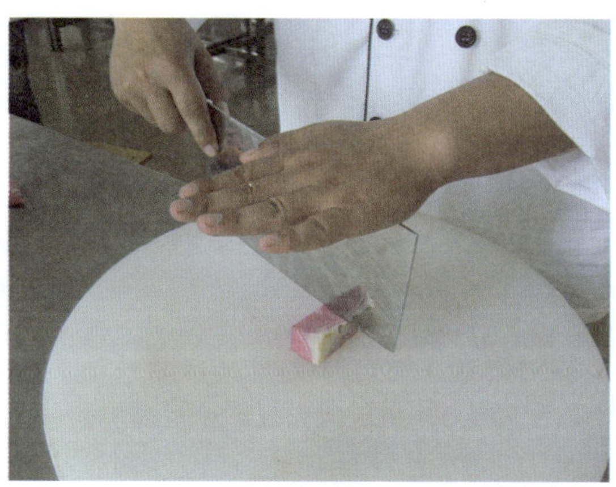

拍刀斩

【操作要领】

1）原料要放平稳，刀距要均匀。

2）拍击刀背时，用力要充分，若原料一刀未断，刀刃不可离开原料，左手可继续拍击刀背，直至将原料完全斩断为止。

【适用原料】适用于加工形圆、易滑、质硬、带小骨的原料，如鸡、鸭、鱼等。

（4）单刀排捶

【操作方法】左手扶墩，右手持刀，刀刃朝上，用刀背对准原料，上下均匀捶击原料，定时翻动原料，反复捶击，直至原料符合加工要求为止。

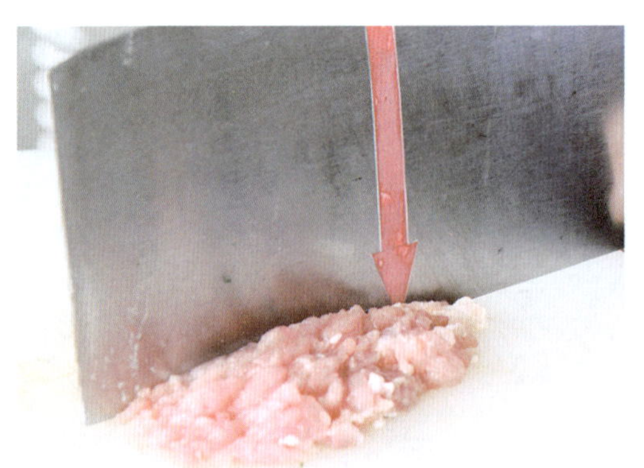

单刀排捶

【操作要领】

1）刀背要与墩面平行，以加大刀背与原料的接触面积，提高效率。

2）抬刀幅度不要过大，用力要均匀。

3）定时翻动原料，以使加工的原料均匀细腻。

【适用原料】适用于加工经过精选的韧性原料，如净鱼（虾）肉、里脊肉、鸡脯肉等，将其加工成肉茸或通过排捶使肉质疏松。

（5）双刀排捶

双刀排捶的操作方法、操作要领、适用原料与单刀排捶相同，只是操作时使用两把刀。

（6）刀尖（跟）排

【操作方法】左手按住原料，右手持刀，用刀尖（跟）在原料上反复起落，直至符合加工要求为止。

【操作要领】

1）刀要保持垂直起落，用力不可过大，扎透原料即可。

2）刀缝间距要均匀。

【适用原料】适用于加工已加工成厚片状的韧性原料，如鸡脯肉、里脊肉等，用以斩断原料内部的筋络，防止原料受热后卷曲变形，同时也便于调味料渗入和扩大受热面积，易于成熟。

3. 砍

砍又称劈，是直刀法中用力和刀的运动幅度最大的一种刀法，一般适用于加工质地坚硬或带大骨的原料，也可用于加工整料。砍可分为直刀砍、跟刀砍等。

（1）直刀砍

【操作方法】左手扶稳原料，右手持刀，对准原料要砍的部位，用力向下，将原料砍断。

直刀砍

【操作要领】

1）原料要放平稳，刀柄要握紧，以防脱手。

2）左手扶料的位置要离落刀点远些，以防伤手。

3）落刀要有力、准确，力求一刀砍断原料，若复刀，则易使原料破碎，影响菜肴质量。

【适用原料】适用于加工形体较大、带骨的动物性原料以及质地坚硬的冷冻原料，如带骨的猪、牛、羊肉，冷冻的肉类等。

（2）跟刀砍

【操作方法】左手扶稳原料，右手持刀，将刀刃对准原料要砍的部位，先直砍一刀，使刀刃嵌进原料，然后左手拿住原料随右手同时起落，直至砍断原料。

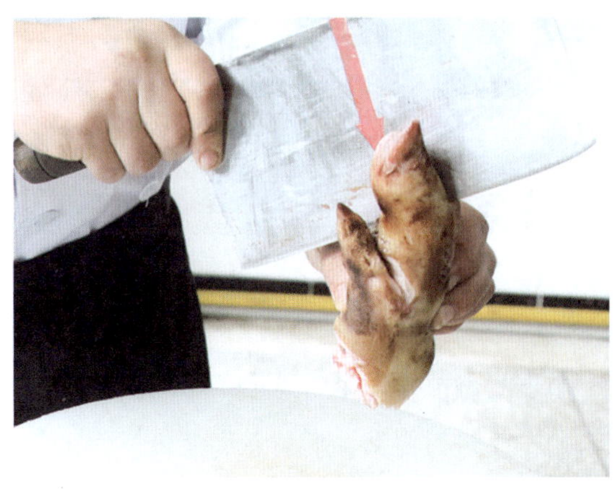

跟刀砍

【操作要领】

1）左手持料要牢，右手握刀要紧，以防脱手。

2）刀刃一定要嵌进原料，保证砍时原料不脱落。

3）左右手起落要同步，向下砍时要用力。

【适用原料】适用于加工质地坚硬、骨大形圆、易滑动或一次砍不断的原料，如猪手、蹄髈、大鱼头等。

二、平刀法

平刀法是指刀面与墩面或原料平行的一种行刀方法。平刀法也是烹饪原料刀工处理中最常用、最基础的刀法，其基本操作方法是用刀平着片断原料，而不是垂直切断原料，一般适用于将无骨原料加工成片状。平刀法按运刀的手法不同，可分为平刀片、推刀片、拉刀片、推拉刀片、抖刀片、滚料片等。

1. 平刀片

平刀片又称平刀批，可分为上片法和下片法两种。上片法即从原料的上端一层一层往下片；下片法是从原料与墩面接触的部位开始往上片。在实际操作过程中操作者可灵活选用。

【操作方法】左手轻按原料，右手持刀，刀身与墩面平行，根据原料厚度要求将刀刃从原料右侧片进，刀身向左作水平运动，直至片断原料。

平刀片

【操作要领】

（1）刀刃要锋利，刀身与墩面保持平行。

（2）左手按稳原料，右手进刀要稳，切忌忽高忽低，保证起片均匀。

（3）进刀力度要适当，进刀后不能前后移动，以防原料变形碎烂。

（4）在即将片断原料时，刀刃不能推拉，以防伤手。

【适用原料】适用于加工无骨的软性或脆性原料，如豆腐、皮冻、动物血块、土豆、黄瓜等。

2. 推刀片

【操作方法】左手按稳原料，右手持刀，放平刀身，根据原料厚度要求将刀刃从原料右侧片进后，向左前方推进，直至片断原料。

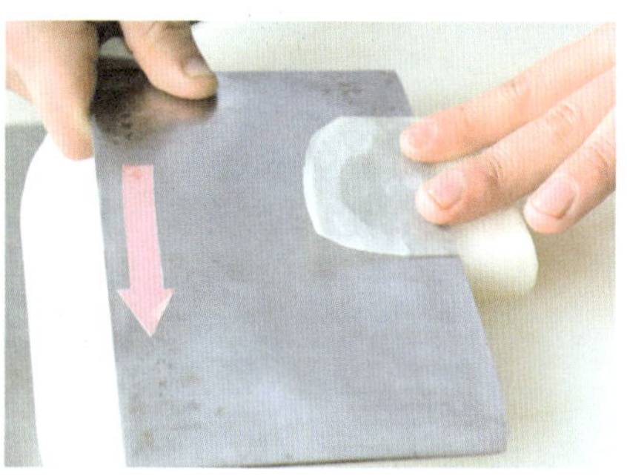

推刀片

【操作要领】

(1) 右手持刀要稳，刀身与原料平行。

(2) 左手按住原料时不能过于用力，以使原料不移动为宜。

(3) 按住原料的左手食指和中指应分开一些，以便观察原料的厚薄是否符合要求。

【适用原料】适用于加工脆性原料，如冬笋、生姜、榨菜等。

3. 拉刀片

【操作方法】左手按稳原料，右手持刀，放平刀身，将刀刃从原料右侧片进后，向身体方向拉片，直至片开原料。

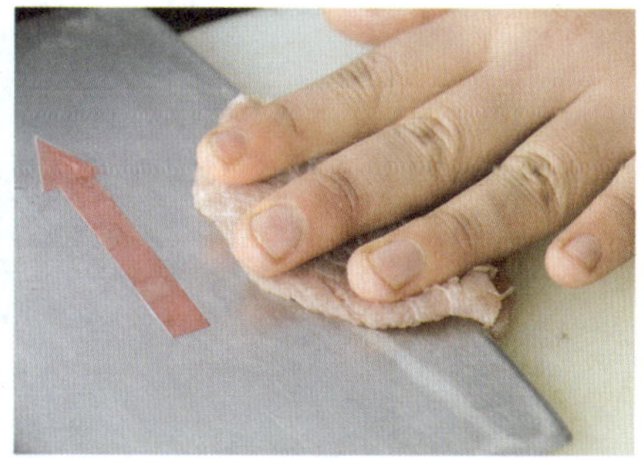

拉刀片

【操作要领】与推刀片操作要领基本相同，不同之处在于刀片进原料后的运动方向与推刀片相反。此外，运用拉刀片法加工原料时，通过手腕的摆动使刀刃运行具有一定的弧度，从而加大刀刃的运行距离，充分利用刀尖的作用。

【适用原料】适用于加工无骨的韧性原料，如鸡脯肉、鱼肉、里脊肉等。

4. 推拉刀片（又称锯刀片）

【操作方法】左手按住原料，右手持刀，将刀刃片进原料，先向左前方推，再向后方拉，如此反复推拉，直至片断原料。整个过程如同拉锯，故又称锯刀片。

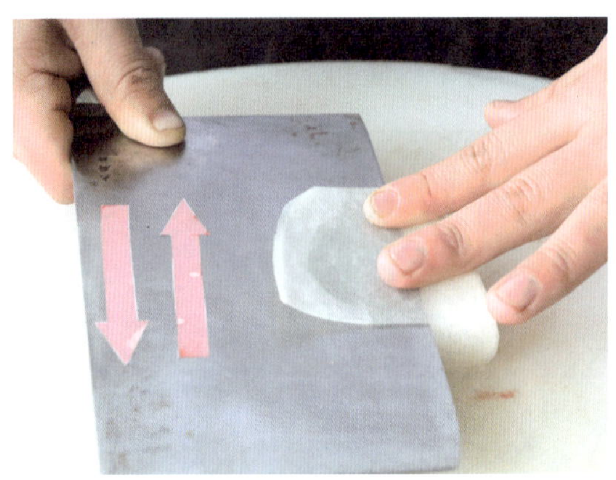

推拉刀片

【操作要领】

（1）熟练掌握推刀片和拉刀片的刀法。

（2）左手按稳、压实原料，以防原料滑动，刀刃伤手。

（3）推刀片和拉刀片动作要连贯协调，运刀要有力。

【适用原料】适用于加工无骨、体大、韧性较强的原料，如腿肉、火腿等。

5. 抖刀片

【操作方法】左手按稳原料，右手持刀，刀刃从原料右侧片进后，向左移动并上下均匀抖动，呈波浪形运动，直至片断原料。

抖刀片

【操作要领】

（1）刀刃片进原料后，抖动幅度和刀距要一致，运动速度要均匀，以保证原料成型美观。

（2）左手按稳原料，防止原料滑动且不能使原料变形。

【适用原料】适用于加工质地软嫩、无骨或脆性的原料，如蛋白糕、豆腐干、莴笋、黄瓜等。

6. 滚料片

【操作方法】左手按住原料，右手持刀，放平刀身，刀刃从原料右侧上面或下面片入，向左作平行移动，左手按住原料作相应滚动，边片边滚，直至将原料片成符合要求的薄长片。

滚料片

【操作要领】

（1）刀身与墩面要始终保持平行，运刀过程中不可忽高忽低，以免影响原料的成型规格和质量。

（2）两手配合要协调，进刀速度与原料滚动速度要一致，以免片断原料，甚至伤及手指。

（3）根据原料质地选择上片法或下片法。脆性原料一般采用上片法，韧性原料一般采用下片法。

（4）滚料上片时，刀刃从原料右侧上面片进，原料向右滚动；滚料下片时，刀刃从原料右侧下面片进，原料向左滚动。

【适用原料】适用于加工圆形、圆柱形、圆锥形的脆性或韧性较弱的原料，如胡萝卜、黄瓜、莴笋、鸡心、红肠等。

三、斜刀法

斜刀法是指刀身与墩面或原料之间的夹角小于 90° 的一种行刀方法，主要用于将原料加工成片的形状。根据刀的运动方向，斜刀法可分为正刀片和反刀片两种。

1. 正刀片（又称斜刀片、斜刀拉片）

【操作方法】左手手指按住原料左端，右手持刀，刀身倾斜，刀刃向左片进原料并向左下方运动，直至片断原料。每片下一片原料，左手指弯曲将片移开，再按住原料左端待下一刀片入，如此反复。

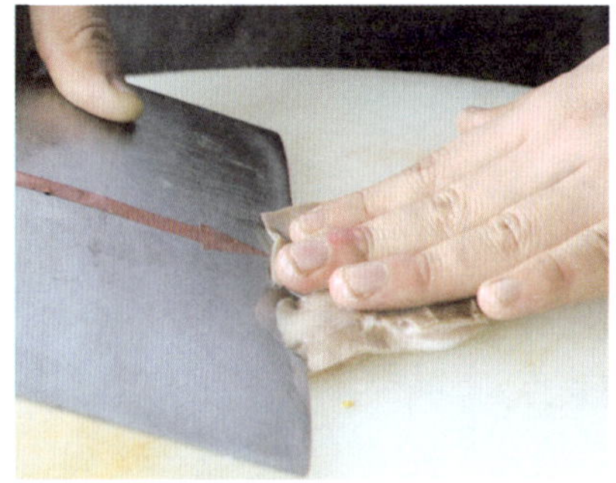

正刀片

【操作要领】

（1）两手配合要协调，片断一片移开一片，过程要流畅。

（2）根据原料质地和成型规格要求确定刀的倾斜角度，在片的过程中倾斜角度和刀距要保持一致，以保证片的大小、厚薄均匀。

【适用原料】适用于加工质软、韧性或脆性的原料，如腰子、鱼肉、肚片、白菜帮等。

2. 反刀片（又称斜刀推片）

【操作方法】左手按住原料，中指第一关节微屈，顶住刀身，右手持刀，刀身倾斜，刀背朝里，刀刃向外，刀刃片进原料后由里向外运动，直至片断原料。

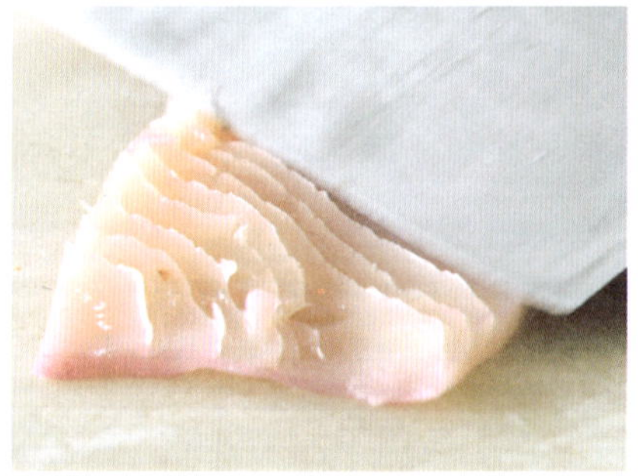

反刀片

【操作要领】

（1）每片一刀左手向后移动一次，移动距离要相等，使刀距保持一致。

（2）根据原料质地和成型规格要求确定刀身的倾斜角度。

【适用原料】适用于加工脆性、软性的原料，如芹菜、熟肚、蒜苗等。

四、剞刀法

剞刀法是指在原料的表面切或片一些不同的花纹而又不断料的运刀方法，经剞刀法处理的原料加热后会形成各种美观的形状，因此这种刀法又被称为“花刀”。剞刀法的相关内容将在本章第四节“刀工美化”中详细介绍。

五、其他刀法

其他刀法也是原料加工处理时常用到的刀法，包括削、刮、拍、捶、剔、旋、剜、揿等。

1. 削

【操作方法】左手持原料，右手持刀，刀刃朝外或朝里，对准原料表皮，一刀一刀按顺序削。

削

【操作要领】根据原料质地和加工要求掌握削的厚度，按一定顺序削。

【适用原料】适用于加工果蔬类原料，如胡萝卜、土豆、莴笋等。

2. 刮

【操作方法】左手拿或按住原料，右手持刀，刀刃（或刀背）垂直或成一定角度放在原料表面，按一定顺序刮制。

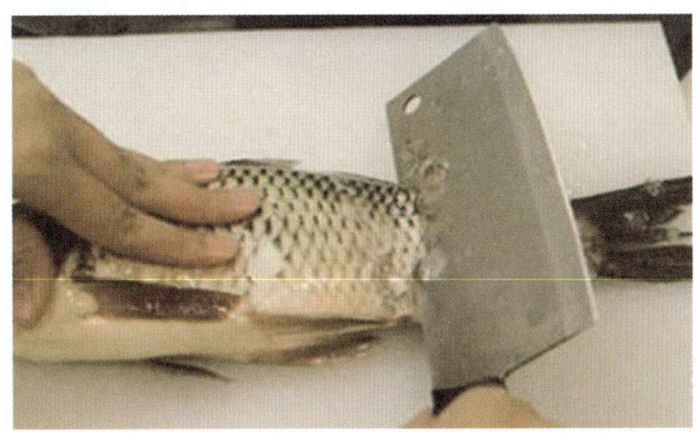

刮

【操作要领】用力要均匀，不可过于用力，以免影响原料的外形及质量。

【适用原料】适用于部分原料的去皮（鳞）、除污垢等，如刮鱼鳞、刮肚子等。

3. 拍

【操作方法】右手持刀，端平刀身，刀刃朝外，用刀膛拍击原料。

拍

【操作要领】

（1）拍击原料的力度大小要根据原料的种类、质地和烹调要求而定。

（2）用力要均匀，可多次拍击。

【适用原料】适用于将无骨的脆性原料拍碎、拍松或拍成薄片，使原料易于入味或质地变嫩，如黄瓜、大葱、蒜、猪肉、牛肉等。

4. 捶

【操作方法】将原料放在菜墩上，右手持刀，刀背向下，上下垂直捶击原料。

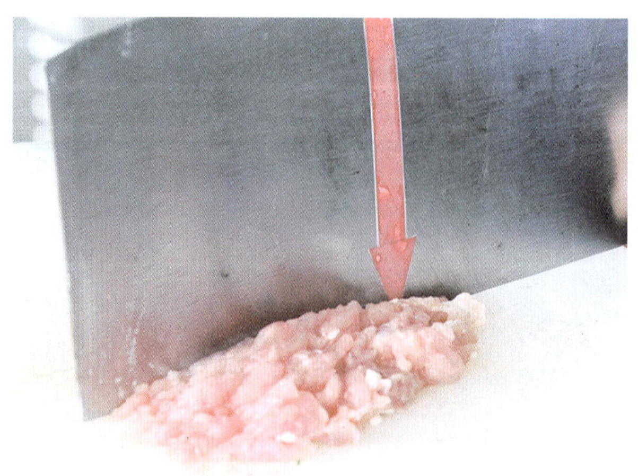

捶

【操作要领】

（1）抬刀不要过高，用力要均匀。

（2）勤翻动原料，使原料更加细腻。

【适用原料】适用于将肉质细嫩的原料加工成茸状，如鱼肉、虾肉、鸡脯肉等。

5. 剔

【操作方法】运用刀尖或刀跟，或专用刀具，将带骨原料除骨取肉。

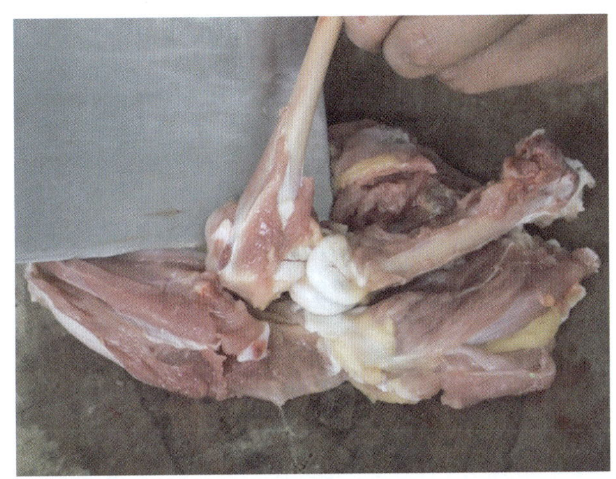

剔

【操作要领】下刀准确，刀口整齐，保证原料完整。

【适用原料】适用于加工动物性原料，如畜、禽、鱼等。

6. 旋

【操作方法】左手拿住原料，右手持刀（或专用刀具），以旋转方式去掉其外皮。

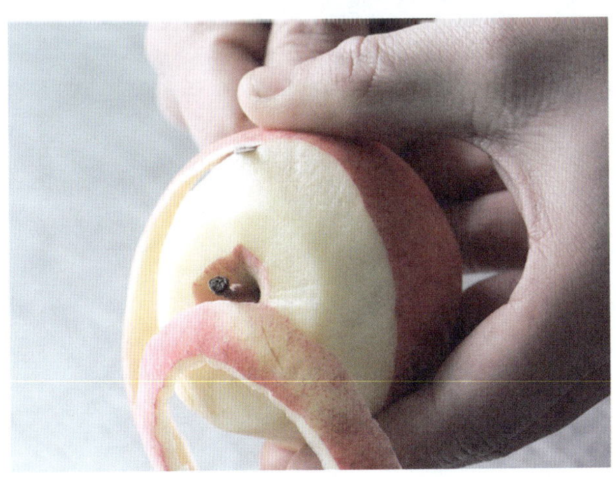

旋

【操作要领】掌握好去皮的厚度，两手配合要协调。

【适用原料】适用于加工果蔬类原料，如苹果、梨、番茄等。

7. 剜

【操作方法】左手拿住原料，右手持刀（或专用刀具），将原料内部挖空或挖掉原料损坏部位。

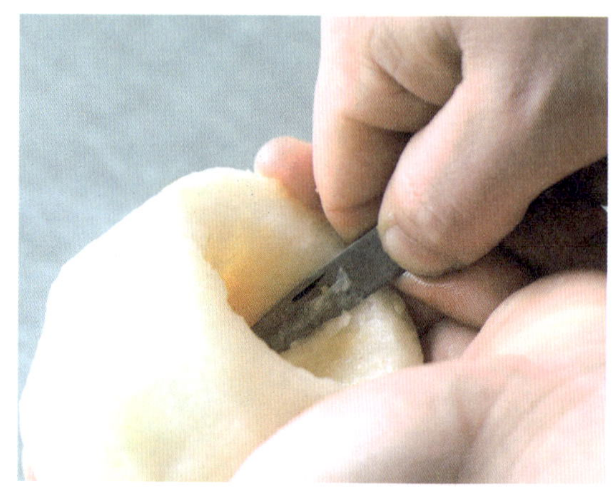

剜

【操作要领】两手配合要协调，注意挖掉部分的大小要适宜。

【适用原料】适用于进行植物性原料初加工或制作酿馅品种，如挖空苹果、苦瓜等。

8. 揿

【操作方法】右手持刀，刀刃向左，刀身压住原料，拖压成茸泥。

揿

【操作要领】依次拖压，使原料细腻。

【适用原料】适用于加工茸泥，如土豆泥、南瓜泥等。

思考与练习

一、问答题

1. 什么是刀法?

2. 直刀切的操作要领是什么?

3. 平刀法的操作方法是什么?

4. 其他的常用刀法有哪些?

二、实训题

练习直刀切。

第三节　原料成型

原料成型就是根据菜肴特点和烹调需要，运用各种刀法，将原料加工成块、片、丝、条、段、丁、粒、末、茸、泥、球等形状的加工方法，原料加工成型后既便于烹调，也便于食用。

一、块

块由切、斩、砍等刀法加工而成。切适用于加工质地松软、脆嫩或无骨、无冻的原料，如蔬菜、豆制品、去皮去骨的各种肉类等，可运用直切、推切、拉切、锯切等刀法加工成块。斩和砍适用于加工质地坚硬、带皮带骨或冷冻的原料，如鸡、排骨、鱼等。

将原料加工成块状时要根据其性质、形状及对块的要求灵活选择加工方法。总体原则是要做到均匀整齐、大小相等、形状相似、完整不碎。加工形状规则的原料时，尽可能做到块的大小整齐、均匀；如原料形状较小，可根据其自然形态加工成块；如原料形状较大，可根据所需规格先加工成条或段，再改刀成块。

块的大小要根据原料质地和烹调要求而定。加热时间长的原料，块要切得大些，加热时间短的原料，块要切得小些，带骨的原料也要加工得小些。

块的种类很多，常见的有正方块、长方块、菱形块、劈柴块、滚料块等，各种块的成型规格、成型方法及适用原料见表 2-1。

表 2-1　　块的成型规格、成型方法及适用原料

形状	成型规格	成型方法	适用原料	图例
正方块	大块 4 厘米见方 小块 2 厘米见方	按规格边长，将原料切或斩成条，再改刀成块	适用于体形较大、较厚的原料，如根茎类、肉类、瓜果类原料等	
长方块	长度约 4.5 厘米，宽度约 2.5 厘米，厚度约 0.8 厘米	先按规格的厚度将原料加工成厚片，再按长方块的长度改刀成条，最后改刀成块	同正方块	
菱形块	形状如几何图形中的菱形，又与象眼相似，故又称象眼块。大菱形块边长为 4 厘米，厚度为 1.5 厘米；小菱形块边长为 2 厘米，厚度为 0.8 厘米	先按规格的厚度将原料加工成厚片，再按规格边长改成长条，最后斜切成块	适用于脆性且加热过程中不易变形的原料，如萝卜、山药、茭白等	
劈柴块	块形粗细、厚薄不规则，如劈柴形成的大小不一的木块，故称劈柴块	先用刀身将原料拍松，再改刀成劈柴块	适用于脆性或纤维较多的根茎类原料，如笋、茭白等	
滚料块	根据菜肴要求确定成型规格，形状、大小与所搭配的原料一致	用滚料切的刀法加工而成，较粗大的原料可先加工成长条，再滚切成块	适用于无骨、脆性的圆形、柱形原料，如萝卜、土豆、茄子等	

二、片

片一般用切或片的刀法加工而成。将原料加工成片状时要根据其性质选择相应的

刀法。脆性原料一般采用直切，韧性原料一般采用推切、拉切，质地坚硬或松散易碎的原料采用锯切，小而薄的原料采用片的方法。动物性原料在切片之前，应先去皮、去骨、去筋，以保证运刀自如及成型规格，植物性原料应先去皮、去籽等。

片的大小、厚薄应根据烹调要求和原料质地而定。一般质地嫩、易碎的原料应厚些；质地坚硬、有韧性或脆性的原料应薄些；旺火速成的菜肴，原料应片薄些；加热时间较长的菜肴，原料应片厚些。

片的形状很多，常见的有长方片、柳叶片、菱形片、月牙片、指甲片、夹刀片、牛舌片等，各种片的成型规格、成型方法及适用原料见表 2–2。

表 2–2　　片的成型规格、成型方法及适用原料

形状	成型规格	成型方法	适用原料	图例
长方片	厚度 0.1 ~ 0.3 厘米，长度 3 ~ 10 厘米，宽度 2 ~ 3.5 厘米，具体大小根据菜肴要求而定	先按规格将原料加工成条、段或块，再按要求加工成片状	适用于脆性或软性原料，如土豆、萝卜、黄瓜、豆腐等	
柳叶片	长度 5 ~ 6 厘米，厚度 0.1 ~ 0.3 厘米，形状薄而细长，状如柳叶	将圆柱形原料顺长从中间切开，再斜切成片	适用于圆柱形的脆性原料，如胡萝卜、莴笋、猪肝等	
菱形片	大菱形片边长约为 3.5 厘米，厚度 0.1 ~ 0.3 厘米；小菱形片边长约为 1.5 厘米，厚度约 0.1 厘米	有两种：一是将原料按规格加工成菱形块，再切或片成菱形片；二是将原料加工成长方片，再斜切成菱形片	同菱形块	
月牙片	原料成型后呈半圆形，厚度 0.1 ~ 0.3 厘米	将球形或圆柱形的原料从中间切开，再改切成半圆形的片	适用于球形或圆柱形的脆性原料，如萝卜、山药等	

续表

形状	成型规格	成型方法	适用原料	图例
指甲片	形如指甲，厚度约 0.2 厘米	将原料加工成条，再切成片	适用于脆性或软性原料，如姜、蒜、豆腐等	
夹刀片	规格较多，根据菜肴和原料而定，有长方形、半圆形、圆形等，一般两片合在一起的厚度约 0.4 厘米	将原料修整后，运用切或片的刀法，两刀一断，加工成两片连在一起的片状	适用于脆性或韧性无骨的原料，如茄子、藕、鱼肉等	
牛舌片	片薄而长，形如牛舌，长度 10 ~ 17 厘米，宽度 2.5 ~ 3.5 厘米，厚度 0.06 ~ 0.1 厘米	将原料修整成长方体，再片制成片状	适用于脆性原料，如黄瓜、莴笋等	

三、丝

丝是原料成型中较为精细的一种，技术要求高，操作难度大。

1. 成型规格

丝按成型的粗细一般可分为头粗丝、二粗丝、细丝和银针丝四种，其成型规格见表 2–3。

表 2–3　　丝的成型规格

形状	成型规格	图例
头粗丝	长 8 ~ 10 厘米，粗约 0.4 厘米	

续表

形状	成型规格	图例
二粗丝	长 8 ~ 10 厘米，粗约 0.3 厘米	
细丝	长 8 ~ 10 厘米，粗约 0.2 厘米	
银针丝	长 4 ~ 6 厘米，粗约 0.1 厘米	

2. 成型方法

丝的成型方法是先将原料按规格加工成薄片，再改刀成丝。加工丝的总体要求是粗细均匀，长短一致，不连刀，无碎粒。在具体操作过程中应注意以下几点：

（1）按丝的不同规格将原料加工成长短一致、厚薄均匀的片状，以保证加工后的丝长短一致、粗细均匀。

（2）对加工成片状的原料，选择恰当的排叠方法及高度是提高切丝速度和质量的关键。常用的排叠方法有以下三种：

1）瓦楞形叠法。将加工好的原料薄片依次排叠成瓦楞形状。这种叠法在切丝过程中较为常用，其操作简单，容易掌握，速度较快，不易倒塌，因此大部分原料都适合用这种叠法切丝，如肉丝、鱼丝、鸡丝等。

2）层叠形叠法。将加工好的原料薄片自下而上一片一片排叠起来。这种叠法的优点是排叠整齐，加工的丝长短粗细比较均匀；缺点是切到最后容易倒塌，所以不宜叠得过高。这种叠法适用于形状比较规则的脆性或软性原料切丝，如豆腐干、萝卜等。

3）卷筒形叠法。将片形大而薄的原料一片一片先放平排叠整齐，卷成筒状，再切成丝，如海带、蛋皮等。

（3）左手按稳原料，使其不能滑动，以保证切出的丝粗细均匀。

（4）根据原料的性质决定顺切、横切或斜切。动物性原料有老有嫩，对于肌肉纤维长而老、筋络较多的原料应横切成丝，以切断肌肉纤维，如牛肉；对于肌肉纤维较嫩的原料，应斜切成丝，使肌肉纤维间相互交叉而不易断碎，如猪肉；对于肌肉纤维特别细嫩的原料，应顺切成丝，防止烹调时原料断碎，如鸡脯肉等。

（5）根据原料性质及烹调要求确定丝的粗细。质韧而老的原料应切得粗一些；用于汆、煮等烹调方法的丝，应切得细一些；用于炸、炒等烹调方法的丝，应切得粗一些。

3. 适用原料

适用于加工成丝的原料较多，无骨的脆性、韧性和软性原料均可。

四、条、段

1. 条

（1）成型规格

一般将粗于 0.5 厘米的细长料型的原料称为条，按其粗细长短不同，条又可分为粗条、中粗条和细条三种。条的成型规格见表 2–4。

表 2–4　条的成型规格

形状	成型规格	图例
粗条	粗约 1.5 厘米，长 6 ~ 7 厘米，因粗如手指，故又称之为指条	
中粗条	粗约 1 厘米，长 3.5 ~ 4 厘米，因粗如笔杆，故又称之为笔杆条	

续表

形状	成型规格	图例
细条	粗约 0.5 厘米，长 3.5 ～ 4 厘米，因粗如竹筷，故又称之为筷子条	

（2）成型方法

先将原料切或片成厚片，再改刀成条。

（3）适用原料

适用于加工无骨的动物性或植物性原料。

2. 段

（1）成型规格

将柱形原料横截成小节叫段。段的长度有一定之规，一般分为 3.5 厘米、4.5 厘米、5.5 厘米三种。

（2）成型方法

段一般运用直刀法、斜刀法加工而成，根据采用刀法不同可将段分为直刀段和斜刀段。

（3）适用原料

适用于加工韧性原料和脆性原料，如带鱼、黄鳝、葱、蒜苗等。

五、丁、粒、末

1. 丁

丁的形状近似于正方体，种类较多，常见的有正方丁、菱形丁、橄榄丁等。

（1）成型规格

大丁为 1.5 厘米见方，中丁为 1.2 厘米见方，小丁为 0.8 厘米见方。

（2）成型方法

先将原料按规格要求切或片成片状，再将片改刀成条，排列整齐后，再改刀成丁。

丁

在将原料加工成丁时要注意：用于主料的丁应大些，用于配料的丁应小些；动物性原料因在烹调过程中受热会收缩，故在加工成丁时要略大些，植物性原料可略小些；易碎或质地较嫩的原料加工成丁时应大些；质地较老的原料要先拍松再加工成丁；结缔组织较多的原料要先剞上刀纹再加工成丁；在将不规则的原料加工成丁时，既要注意丁的大小，又要注意形状规则和原料的利用率。

（3）适用原料

丁的适用原料范围较广，凡是有一定厚度的无骨原料均可加工成丁，如鸡丁、鱼丁、笋丁、豆腐丁等。

2. 粒

（1）成型规格

粒是小于丁的正方体，规格有大、中、小三种。大粒为 0.5 厘米见方，形似黄豆，故又称黄豆粒；中粒为 0.3 厘米见方，形似绿豆，故又称绿豆粒；小粒为 0.2 厘米见方，形似米粒，故又称米粒。

粒

（2）成型方法

粒的加工方法与丁相似，先将原料按规格要求切或片成片状，再将片改刀成条或丝，排列整齐后，再改刀成粒。条或丝的粗细决定了粒的大小，因此粒的成型要求较高。

（3）适用原料

粒的适用原料与丁相同，加工成粒的原料常用作配料或调料，如肉粒、火腿粒、葱粒等。

3. 末

（1）成型规格

末比粒更细小，形状一般不规则。

末

（2）成型方法

1）可运用剁的方法将原料剁成末，如蒜末等。

2）先将原料加工成片，再将片剁成末，如鱼末、鸡末等。

3）先将原料加工成薄片，再将片改刀成丝，再将丝切成末，如姜末、火腿末等。

（3）适用原料

与丁相同。

六、茸、泥、球

1. 茸

（1）成型规格

茸一般是用动物性原料加工而成的极为细腻的原料形状。茸有粗细之分，粗茸是在末的基础上，再用刀剁制而成；细茸不仅要用刀刃剁，而且要用刀背排捶或用刀刃刮抹，工艺要求高的还需要用箩筛过滤。

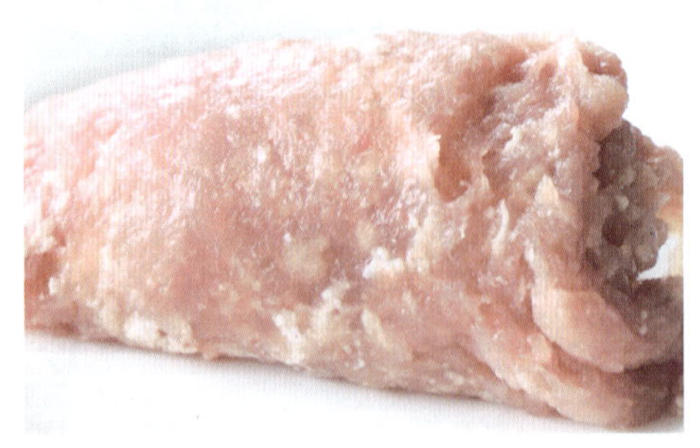

茸

（2）成型方法

将动物性原料去皮、去骨、去除筋膜，加工成片状，用刀背排捶，在排捶过程中捡除暗筋，再用刀刃或刀背反复剁或排捶。

在加工过程中，为使茸洁白、细腻、无杂质，可在制茸原料下垫一张鲜肉皮或使用质量好的菜墩。随着烹饪科技的发展，在现代厨房中常用粉碎机加工茸，既省时省力，质量又好。

（3）适用原料

适用于加工精选的动物性原料，如净瘦肉、净虾肉、净鱼肉等。

2. 泥

（1）成型规格

泥一般是由植物性原料加工而成的极为细腻的原料形状。泥有粗细之分，细泥可用箩筛过滤。

泥

（2）成型方法

将植物性原料进行初步熟处理，去除皮、籽、核、粗筋后，再用刀膛按压成泥状。

（3）适用原料

适用于加工淀粉含量高的植物性原料，如土豆、芋头、山药、豌豆等。

3. 球

（1）成型规格

球为圆形球状，其规格大小可根据菜肴需要而定。

（2）成型方法

球的成型方法有多种，可根据原料性质和菜肴要求灵活选择。常用的一种方法是在粒、末、茸、泥的基础上手工挤捏而成，如肉丸、鱼丸等。其他方法还有：动物性原料先经刀工加工，再经加热处理后而形成的球状，如虾球；用切的方法先将原料加工成粗段，再切成大方丁，最后削成球状，如萝卜球等；也可用模具加工成球状，如冬瓜球等。

球

(3)适用原料

适用于加工无骨的动物性原料和植物性原料，如畜肉、禽肉、根茎类蔬菜等。

思考与练习

一、问答题

1. 如何切制块?

2. 如何切制片?

二、实训题

练习块、片、丝的制作。

第四节　刀工美化

刀工美化是使用混合刀法，在原料表面剞上一些具有一定深度的刀纹，使原料加热后能卷曲成各种美丽的形状。所谓混合刀法，就是直刀法、斜刀法和平刀法等混合使用的刀法，也就是剞，又称为花刀。用混合刀法加工的原料形状多样，可以美化菜品造型，丰富菜肴品种，缩短成熟时间，便于异味散发，并利于卤汁裹覆。剞刀法主要用于加工无骨的韧性或韧中带脆的原料，以及整料。剞刀操作的关键是：刀纹方向正确、深浅一致，刀距相等、整齐均匀。

一、刀工美化基本刀法

1. 直刀剞

直刀剞与直刀切相似，区别之处在于直刀剞没有将原料切断，而是切到一定深度即停刀，剞进原料的深度视原料、花刀的种类不同而有所区别。直刀剞要求刀纹深浅一致、刀纹间距相等。直刀剞所用的多为脆性原料，如黄瓜、冬瓜、南瓜等，以及质地较嫩的韧性原料，如腰子、鱿鱼等。

2. 直刀推剞

直刀推剞与推切相似，区别之处在于直刀推剞时，刀进入原料一定的深度后停刀，不把原料切断。这种刀法适用于加工各种无骨的韧性原料，如猪肚、通脊肉、鸡（鸭、鹅）肫等，以及软性原料，如豆腐干等。

直刀剞

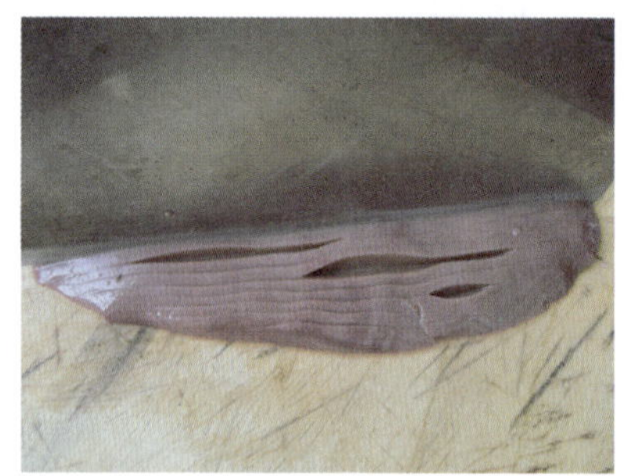

直刀推剞

3. 斜刀推剞

斜刀推剞与斜刀推片相似，二者的区别在于斜刀推剞不完全将原料断开。斜刀推剞要求刀纹深浅和刀距一致，并且刀纹间的倾斜角度相同。这种刀法适用于加工比较薄小的原料，如墨鱼、鱿鱼、腰子、肚子等。

4. 斜刀拉剞

斜刀拉剞与斜刀拉片相似，但在刀进入原料内一定深度后停刀，不将原料剞断，适用于加工的原料及要求与斜刀推剞相同。

斜刀推剞

斜刀拉剞

5. 平刀剞

平刀剞与平刀片相似，但也是不将原料剞断。平刀剞有平刀推剞和平刀拉剞两种。平刀剞的操作要求是刀纹要互相平行，间距相等，深浅一致。平刀剞常用于加工较小型的原料，如虾球等。

平刀剞

二、常用小型花刀

1. 麦穗形花刀

【成型方法及要求】先用斜刀推剞的刀法在原料表面剞上一条条平行的刀纹，深度为原料厚度的 2/3，再将原料转 90°，用直刀推剞的刀法，剞出与斜刀刀纹垂直的刀纹，深度为原料的 4/5，最后改刀切成长方块。用这种刀法成型的原料经加热后，原料卷曲形似麦穗，故称麦穗形花刀。麦穗形花刀要求刀纹清晰，间距均匀，深度一致，纹向正确。

【适用原料】主要适用于加工腰子、墨鱼、鱿鱼等较扁平的原料。

【应用实例】麦穗形腰花的加工。

（1）将腰子放平，用平刀法将腰子从中间片为两半，去掉外筋膜，片去腰臊，用清水洗净。

（2）在腰子内侧斜刀推剞进原料厚度的 2/3，倾斜角度约为 35°，边剞刀，左手边往后退，直至剞完原料。

（3）将原料转 90°，用直刀推剞的刀法剞进原料的 4/5 深度。

（4）最后顺直刀方向将原料改刀切成宽度为 2.5 ~ 3 厘米的长方块。

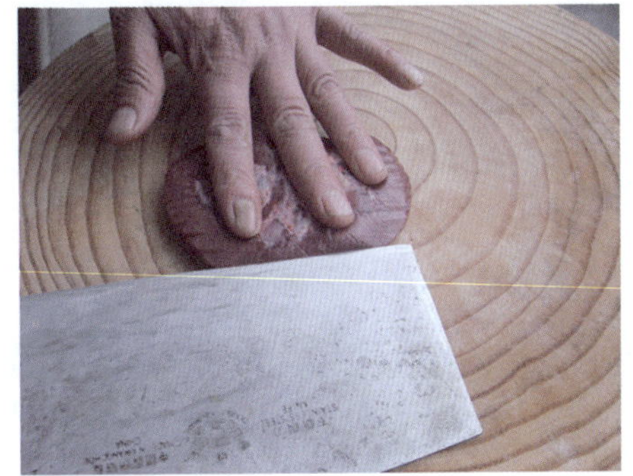

麦穗形腰花的加工

2. 荔枝形花刀

【成型方法及要求】先用直刀推剞，深度为原料厚度的 4/5，再将原料转动约 80°，用同样的方法推剞，最后改刀切成边长 3 厘米左右的三角块。如果改刀切成边长 3 厘米左右的正方块或菱形块即成“核桃形花刀”。荔枝形花刀要求刀纹深浅和间距均匀一致，块的形状、大小基本相同。

【适用原料】适用于加工墨鱼、鱿鱼、腰子、肚头、通脊肉等。

【应用实例】荔枝形鱿鱼的加工。

（1）将鱿鱼清洗干净，撕去表皮的筋膜，修切成长方片。

（2）在鱿鱼片的内侧推剞出一条条相互平行的刀纹，深度为鱿鱼片厚度的 4/5。

（3）将鱿鱼片转 80°，用同样的方法推剞。

（4）最后将剞好的鱿鱼片改刀切成长边为 3.5 厘米左右的长方块。

荔枝形鱿鱼的加工

3. 菊花形花刀

【成型方法及要求】先将原料直刀推剞出一条条平行的刀纹，深度为原料厚度的4/5，再将原料转 90°，直刀推剞出与第一次刀纹相垂直、深度相同的平行刀纹，最后将原料改刀切成正方块或三角块。菊花形花刀要求刀纹深浅和间距均匀一致，要选用肉质稍厚的原料。

菊花形冬瓜的加工

【适用原料】适用于加工鸡（鸭、鹅）肫、带皮鱼肉、通脊肉、冬瓜等。

【应用实例】菊花形冬瓜的加工。

（1）将冬瓜去皮去瓤后，切成边长为 5 厘米左右的方块。

（2）在冬瓜块上用直刀推剞的刀法剞出一条条平行的刀纹，深度为原料厚度的4/5，刀距为 0.3 厘米左右。

（3）将冬瓜块转 90°，用同样的刀法剞出与原刀纹相垂直的平行刀纹。

4. 葡萄形花刀

【成型方法及要求】从原料的一个角开始，在原料的肉面上用斜刀推剞法剞出一条条平行的刀纹，深至鱼皮，刀距 1.2 ~ 1.5 厘米，然后在原料肉厚的另一个角，用相同的刀法剞出一条条平行的刀纹。葡萄形花刀要求刀口深度一致，间距相同，倾斜度相同。

【适用原料】适用于加工带皮的鱼肉。

【应用实例】葡萄鱼的加工。

（1）将青鱼宰杀后清洗干净，去掉脊骨和肋骨。

（2）把鱼肉向上，鱼皮向下，平放在墩面上。从鱼肉肉厚的一角用斜刀推剞法剞出一条条平行的刀纹。

（3）再从鱼肉的另一个角用同样的方法剞一遍即成。

葡萄鱼的加工

5. 蓑衣形花刀

【成型方法及要求】用直刀法在原料上直切或推剞出一条条相互平行的刀纹，深度为原料厚度的 4/5，刀刃与原料的夹角为 80° 左右。将原料翻面，用同样的刀法把原料再剞一遍，最后改刀切成长度 3 厘米、宽度 2 厘米的长方块，或边长为 2.5 厘米左右的正方块；有的原料不用改刀切块，如蓑衣黄瓜。蓑衣形花刀要求刀纹深浅及刀距均匀一致，角度要正确。

蓑衣黄瓜的加工

【适用原料】适用于加工墨鱼、鱿鱼、肚头、里脊肉或黄瓜、长茄子等动植物原料。

【应用实例】蓑衣黄瓜的加工。

（1）把黄瓜清洗干净，削去两头尖部。平放在菜墩上，右手持刀从右向左把黄瓜用直刀剞的刀法剞一遍，刀与原料的夹角为 80° 左右，深度为原料的 4/5。

（2）把原料掉转头，用同样的刀法再剞一遍，把黄瓜从两头轻轻一拉，即可显出网状结构。

6. 鱼鳃形花刀（又称铁树叶形花刀）

【成型方法及要求】先用直刀推剞，深度为原料厚度的 4/5。将原料转 90°，与原刀纹垂直，再用斜刀拉剞和拉片，隔刀片断原料，片成连刀片。鱼鳃形花刀要求斜刀拉剞或拉片时，应根据原料的厚薄不同掌握好刀的倾斜角度。

【适用原料】适用于加工韧中带脆的原料，如墨鱼、鱿鱼、猪腰等。

【应用实例】鱼鳃腰片的加工。

（1）在腰子内侧顺其长度方向用直刀推剞出一条条相互平行、深度为原料厚度 4/5 的刀纹。

（2）再用斜刀拉剞或拉片的刀法，使之与原刀纹相垂直，一刀剞一刀片断原料，片成连刀片，即成鱼鳃形。

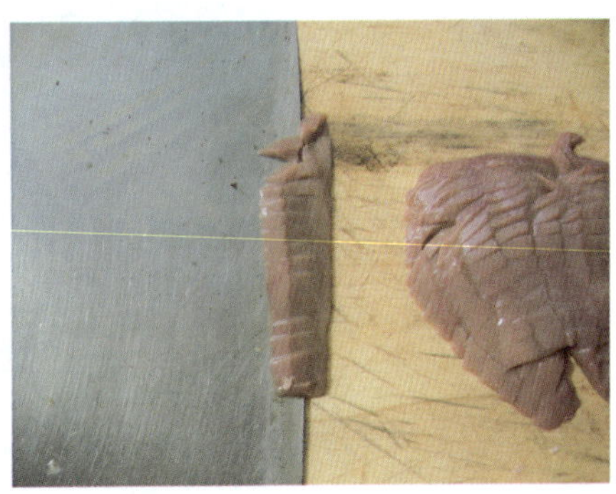

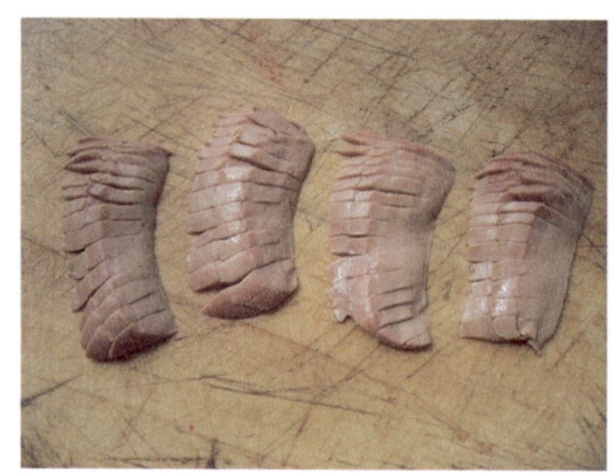

鱼鳃腰片的加工

7. 锯齿形花刀

【成型方法及要求】先用斜刀推剞法剞原料，倾斜角度为 45°，深度为原料厚度的 4/5，再将原料转 90°，与原刀纹垂直，用直刀推切原料成条。锯齿形花刀要求斜刀推剞的刀纹间距及深度要一致，片厚为 0.2 ~ 0.3 厘米。

【适用原料】适用于加工墨鱼、鱿鱼、腰子等原料。

【应用实例】锯齿形鱿鱼的加工。

（1）在鱿鱼片上斜刀推剞出一条条刀纹，刀的倾斜角度为 45°，剞入深度为鱿鱼片厚度的 4/5。

（2）将鱿鱼片转 90°，用直刀推切成长条。

锯齿形鱿鱼的加工

8. 麻花形花刀

【成型方法及要求】将原料切或片成长度 5 厘米、宽度 2.5 厘米、厚度 0.3 厘米的长方片，再用刀尖在中间划出一条长度 4 厘米的刀口，并在其两边各划一条长 3 厘米的刀口，接着拿起原料一端并从中间刀口处穿过，然后稍拉即成麻花形。如果原料是千张，刀口可大些。麻花形花刀要求加工时，初坯原料的厚薄、大小要均匀一致，穿插方向正确，三条刀纹的长短要有区别，中间略长，两边略短。

【适用原料】适用于加工墨鱼、鱿鱼、猪肚、里脊肉、腰子、千张等原料。

【应用实例】麻花形千张的加工。

（1）将千张切成长度 8 厘米、宽度 4 厘米的长方片，用刀尖在千张中间划一条 6 厘米长的刀口，在该刀口的两侧各划一条 4 厘米长的刀口。

（2）左手拿起千张的一头，从中间刀口处穿过后再稍拉直。

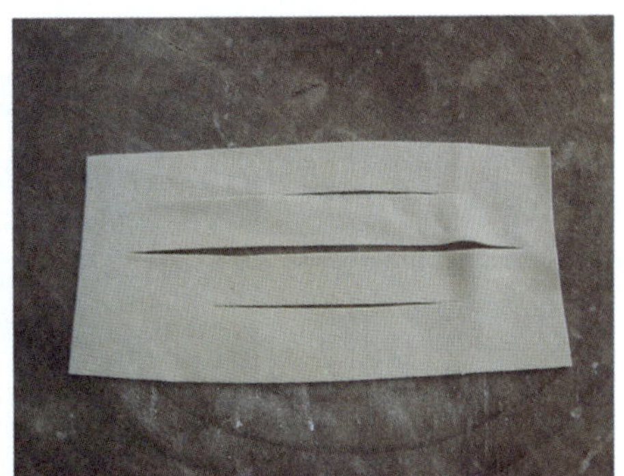

麻花形千张的加工

三、整料剞花

整料剞花常用于整鱼的加工，根据鱼的体形及烹调方法的不同要求，可有多种剞花方法。常用的整鱼剞花方法见表 2–5。

表 2-5　整鱼剞花方法

名称	操作要求	适宜鱼类及烹调方法	图示
直一字花刀	用直刀推剞或刀尖拉剞的刀法加工而成。要求刀纹间距均匀一致，不能剞破鱼肚	一般适宜肉质较厚的鱼，如青鱼、草鱼、鲈鱼、黄鳝、鳗鱼等 可用于清蒸、红烧、干烧等	
多十字花刀	用直刀推剞的刀法在鱼体表面剞出多个十字形。要求同直一字花刀	适宜多种鱼及条形的鳝鱼、鳗鱼等 可用于酱汁、红烧、干烧等	
菱形花刀	先用直刀推剞出一条条间距相等且与鱼体方向成一定角度的平行刀纹，再转 90° 剞同样的刀纹	适宜体大而长的鱼，如青鱼、草鱼、鳊鱼、鲤鱼、黄鱼等 可用于干烧、红烧等	
柳叶形花刀	用直刀推剞或刀尖拉剞的刀法在鱼体两面剞出柳叶形状	适宜体表较宽的鱼，如鲳鱼、鳊鱼等 可用于清蒸、氽汤等	
牡丹形花刀	同时使用斜刀推剞和平刀推剞的刀法加工而成	适宜脊背肉较厚的鱼，如鳜鱼、鲈鱼、黄鱼等 可用于糖醋熘	
兰草花刀	用刀尖在鱼体肉厚处拉剞出兰草图样	适宜多种鱼 一般用于清蒸	
松鼠鱼花刀	在两扇鱼肉上剞上直刀纹，刀深至鱼皮，间距 0.3 ~ 0.6 厘米，再用斜刀拉剞与原刀纹相垂直	适宜肉质较厚、骨少的鱼，如鳜鱼、鲈鱼、黄鱼等 可用于脆熘	

续表

名称	操作要求	适宜鱼类及烹调方法	图示
狮子花刀	在鱼体两侧分别剞出长度 8 厘米、宽度 3 厘米的平行薄片，10 ~ 12 片，再用剪刀逐片剪成细丝	适宜鲤鱼、鳜鱼等制作“金毛狮子鱼” 可用于脆熘	

四、小宾俏的切制

小宾俏又称小料头、小配料，是指菜肴烹制中的小型调料，如姜、葱、蒜、泡辣椒、干辣椒等。小宾俏在菜肴烹制中有除异、去腥、增味、增色、增香的作用。根据菜肴的不同要求和配菜中配形的原则，小宾俏需要刀工处理成各种形态。

1. 葱、蒜苗的切制

葱、蒜苗的切制方法及用途见表 2–6。

表 2–6　　葱、蒜苗的切制方法及用途

形状	切制方法	用途	图示
葱段	选用头粗、二粗的葱白，直切成约 8 厘米的段	一般用于烧、烩类菜肴	
开花葱	选用二粗、三粗葱，先直切成约 5 厘米的段，然后在两端各剞 5 ~ 8 刀，放入清水中泡制，两端即可翻花	一般用于烧烤、酥炸类菜肴	
马耳朵葱	选用头粗、二粗葱，两端切成斜面的节，或用反刀斜片成约 3 厘米的斜面节	一般用于肝、腰、肚的炒制或熘类菜肴的制作	

续表

形状	切制方法	用途	图示
弹子葱	选用二粗、三粗葱，两端直切成约 1.5 厘米的圆柱形	一般用于主料是丁的菜肴	
银丝葱	将葱白两端正切成约 8 厘米的段，对剖后再切成丝	一般用于菜肴盖面或点缀色泽	
鱼眼葱	选用三粗、四粗葱，直切成约 0.5 厘米的粒	一般用于鱼香味菜肴的制作	
马耳朵蒜苗	选用头粗、二粗蒜苗，切制方法与马耳朵葱相同	一般用于烹制“回锅肉”“盐煎肉”“麻婆豆腐”等菜肴	
长段蒜苗	选用头粗、二粗蒜苗，直切成约 6 厘米的段	一般用于“水煮牛肉”等菜肴	

2. 姜、蒜的切制

姜、蒜的切制方法及用途见表 2-7。

表 2-7 姜、蒜的切制方法及用途

形状	切制方法	用途
姜、蒜丝	姜、蒜去皮后，先切片，再切丝，蒜丝的长度以蒜瓣的自然长度为准	一般用于主料呈丝状的菜肴
姜、蒜片	姜、蒜去皮后，切成 1 厘米见方的片	一般用于主料呈片状的菜肴
姜、蒜末	姜、蒜去皮后，剁成末状	一般用于鱼香味菜肴或鱼的烹制，也可用于碎肉类菜肴或肉类馅心的调味

3. 泡辣椒的切制

泡辣椒的切制方法及用途见表 2-8。

表 2-8 泡辣椒的切制方法及用途

形状	切制方法	用途	图示
马耳朵泡辣椒	将泡辣椒去籽后，斜切成约 3 厘米的节	一般用于炒、熘类菜肴	
泡辣椒段	将泡辣椒去籽后，切成约 6 厘米的段	一般用于烧、炸类菜肴	
泡辣椒末	将泡辣椒去籽后，用斩、剁的刀法加工成末	一般用于鱼香味菜肴，或添加到豆瓣中以增加菜肴的色泽	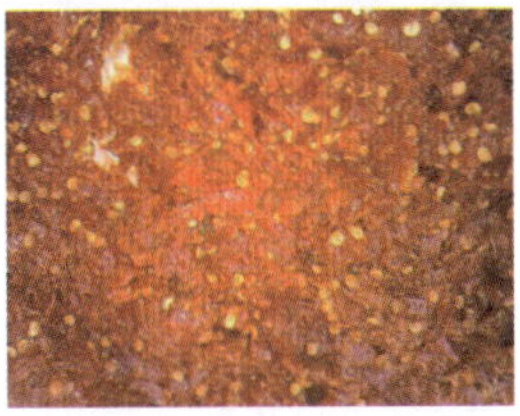
泡辣椒丝	将泡辣椒去籽后，剖开切成约 6 厘米的细丝	一般用于“糖醋脆皮鱼”及其他一些菜肴的配色	

4. 干辣椒的切制

干辣椒的切制方法及用途见表 2-9。

表 2-9　　干辣椒的切制方法及用途

形状	切制方法	用途	图示
干辣椒节	将干辣椒去籽后，直切成 2 ~ 3 厘米的段	一般用于炝、炒、炸类菜肴	
干辣椒丝	将干辣椒去籽后，剖开直切成约 6 厘米的细丝	一般用于干煸、炝类菜肴	

思考与练习

一、问答题

1. 剞刀操作的关键是什么?

2. 简述麦穗形腰花的切制过程。

3. 简述菊花形冬瓜的切制过程。

二、实训题

1. 练习小宾俏的切制。

2. 练习蓑衣黄瓜的制作。

3. 练习荔枝形鱿鱼的加工。

第三章

锅工基本功

学习目标

1. 掌握锅工基础知识
2. 掌握翻锅的基本姿势和基本方法
3. 熟悉翻锅的基本要求
4. 掌握锅（勺）的使用及保养方法

锅是最常用的烹饪用具，主要用于对烹饪原料进行煎、炒、烹、炸、炖、蒸等制熟操作，如炒锅、蒸锅、砂锅、高压锅等。这里所说的锅，特指炒制菜肴时使用的带柄或带耳（单耳或双耳）、球冠形的锅，也称勺，因此锅工又称勺工。所谓锅工是指厨师临灶时，运用炒锅或炒勺的方法与技巧的综合技术。具体来说，即在烹制菜肴的过程中，通过运用一定的力度，采用不同方向的推、拉、送、扬、托、翻、晃、转等动作，使炒锅或炒勺中的原料不同程度地向前后左右翻动，均匀成熟，最终达到成菜要求的综合技术。锅工直接关系到成菜的质量，是衡量厨师烹调技术水平高低的重要标志之一。

第一节　锅工基础知识

锅工是烹饪基本功中一项很关键的技能。所谓锅工就是在烹制菜肴时所运用的翻锅技能，包括翻锅时所需要的力度和方向，有推、拉、转、颠、翻等各种动作。根据菜肴的不同要求，运用不同的翻锅技法，将原料放在锅内娴熟、准确、及时、恰到好处地翻动，使原料均匀受热、成熟、入味、着色、着芡、造型等，从而达到菜肴的质量要求。

一、临灶操作的基本站姿

锅工是一项技术性较高的工作，要想熟练掌握锅工，首先必须掌握正确的翻炒姿势。全国各地厨师传授的翻炒姿势不尽相同，各有特色，总的原则应从既方便工作，又有利于提高效率，并能持久工作、减少疲劳、有利于身体健康等方面来考虑。

正确的翻锅站姿要求身体保持自然直立，头端正，双眼正视炒锅，腹部与灶台保持约 10 厘米的间距，灶台的高度应以操作者身高的一半为宜，以不耸肩、不懈肩为度，双肩关节要自感轻松得当。站灶脚法的姿势与站案的姿势相似，两脚呈八字形自然站稳，两脚跟相距 20 厘米成一条直线，两脚尖自然分开，相距约 40 厘米，始终保持身体重心在两脚之间，重力分布均匀，有利于控制上肢施力和灵活用力。

初学锅工容易犯很多错误，如歪头、弯腰、弓背、身体前倾、手动身移、重心不稳等，形成“身体三曲弯，翻锅浑身牵”，久而久之，养成不正确的姿势，并易造成身体损伤。

临灶的站姿

二、炒锅与手勺的握法

炒锅是烹制菜肴过程中的主要加热器具，有铁锅、铜锅和复合金属锅等。宾馆和酒店主要用熟铁锅，其形式主要有耳锅式、把（柄）锅式、耳把（柄）合一式。

耳锅按形状分为单耳锅和双耳锅，四川菜馆、江苏菜馆多用单耳锅；按口径大小分为大耳锅、中耳锅和小耳锅等。带把（柄）的炒锅多见于北方菜馆，又称其为勺、炒勺、汤勺，有些地区称其为炒瓢。

不同形式的炒锅有不同的握法。

单柄锅的握法

1. 单柄锅的握法

握单柄锅一般习惯用“握棒”的方式，即左手握住锅柄，手心朝右上方，大拇指在锅柄上面，其他四指弯曲收拢握住锅柄，指尖朝上，手掌与水平面约成 140° 夹角。翻炒时，食指和掌跟是两个主要着力点，前者用力托，后者用力压。

2. 双耳锅的握法

握双耳锅时，左手大拇指扣紧锅耳的左上侧，其他四指微弓朝下，呈散射状托住锅底，并用抹布垫手（以防烫手，避免磨伤手指，增大手与锅的摩擦力）。这种握法可使锅的重量均匀分摊在较宽的手指面上，易于控制翻锅。

双耳锅的握法

3. 手勺的握法

手勺的握法是用右手中指、无名指、小拇指与手掌合力握住勺柄，其主要目的是在操作过程中起到勾拉、搅拌作用；食指前伸（对准勺碗背部方向），指肚紧贴勺柄，大拇指伸直与食指、中指等合力握住勺柄的前端，勺柄末端顶住手心。握手勺的要求是握持牢而不死，施力、变向灵活自如。

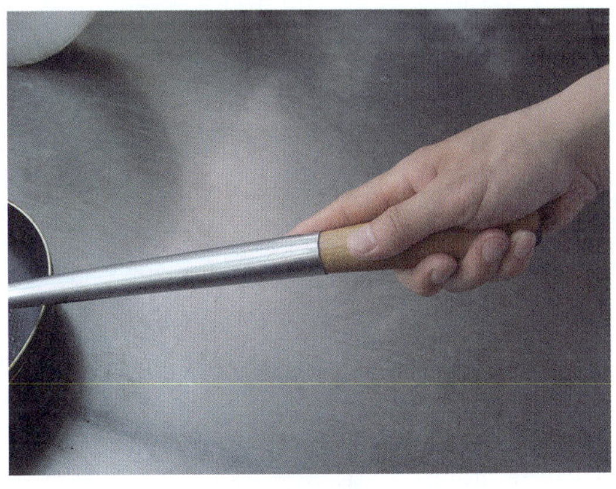

手勺的握法

三、翻锅的作用和基本要求

1. 翻锅的作用

（1）保证烹饪原料均匀受热、成熟和上色。原料在锅内不停地移动或翻转，使原料受热均匀一致、成熟度一致、上色程度一致；掌握火候方便，能及时端锅上火或离火，以控制原料受热程度、成熟程度。

（2）保证原料入味均匀。原料在锅内不停地翻动，使投入的调料能够迅速、均匀地与主辅料融合渗透，使菜肴味道一致。

（3）形成菜肴各具特色的质感。菜肴的嫩、脆与原料的失水程度有关，迅速地翻拌可使原料能够及时受热，尽快成熟，水分流失尽可能少，从而达到菜肴嫩、脆的质感。

（4）保证勾芡的质量。通过晃锅、翻锅可使芡粉分布均匀，成熟一致。

（5）保持菜肴的形状。对一些质嫩且不宜进行搅动、翻拌的菜肴，可采用晃锅技法，使原料受热均匀，形状不破碎。如“煎鸡饼”，采用大翻锅可使菜肴形整不散乱。

2. 翻锅的基本要求

（1）了解锅的特点和使用方法，并能正确掌握和灵活运用。

（2）掌握锅工技术各个环节的技术要领。锅工技术由握锅、晃锅、翻锅、出锅等技术环节组成，不同的环节具有不同的标准和要求，只有掌握了这些要领并按其操作，才能达到锅工的技术要求。

（3）动作快捷、利落、连贯协调，姿势优美。

（4）要有良好的身体素质和扎实的基本功。

四、炒锅与手勺的保养

1. 炒锅的保养

（1）炒锅每次使用后，应用干布或拧干的湿布擦拭清洁，以免产生油垢，如已产生油垢，可用去污剂擦掉。行业中对熟铁锅也有用火烧的方法去除油污。

（2）炒锅应放置在干燥的地方保存，不应放置在有腐蚀性气体和过度潮湿的地方。

（3）炒锅使用后应挂在不宜碰到的地方。

（4）炒锅长期不使用时，应在其表面涂一层食用油，以防生锈。

（5）使用炒锅时应使其受热均匀，以免锅底出现凹凸不平的情况，影响使用效果。

2. 手勺的保养

（1）不锈钢手勺使用一段时间后，其表面会产生一层雾状物，可用软布蘸去污粉擦拭，恢复其光亮。

（2）清洗手勺时须避免划伤表面，避免使用含有漂白成分以及研磨剂的洗涤液，不能用小苏打清洗，禁止使用钢丝球、研磨工具等清洁。

（3）带木柄、胶柄的不锈钢手勺不宜用开水烫，以免木柄、胶柄发胀损坏。

（4）手勺用完后不可长时间浸泡在水中，也不可让其自干，应及时清洗、擦干；如其表面出现渍痕，应涂擦去除。

思考与练习

一、问答题

1. 怎样握双耳锅？

2. 锅工的作用是什么？

3. 锅工的基本要求是什么？

4. 怎样保养炒锅和手勺？

二、实训题

锅工基本操作姿势训练。

第二节　翻锅的技法

翻锅是使用炒锅的技能，是厨师的基本功，其规范和熟练程度是衡量厨师技能水平高低的重要标志。

根据原料的质地、数量及形状，菜肴成品的形状、调味方法、勾芡方法、火候要求等不同因素，翻锅的动作也有所区别。翻锅的技法通常可分为小翻锅、大翻锅、晃锅、悬翻锅、助翻锅、转锅六种。

一、小翻锅

小翻锅是最常见的翻锅技法，主要用于制作数量少、加热时间短、散碎、易成熟的菜肴。

小翻锅的操作方法是：左手握锅柄或锅耳，利用灶口边沿为支点，锅略前倾将原料送至锅的前半部，快速向后拉回到一定位置，同时轻轻用力向下拉压，使原料在锅中翻转，然后再将原料运送到锅的前半部，再拉回使原料翻转，如此反复。

小翻锅的技术要求是：做到锅不离火，动作快速敏捷，翻动自如，使烹制出的菜肴达到质量要求。例如，在制作“宫保鸡丁”时，因着芡与调味同时进行，必须使用小翻锅技法来完成，才能使菜肴达到入味均匀、紧汁抱芡、明油亮芡、色泽金红的效果。又如制作“清炒肉丝”时，原料入锅后，用小翻锅技法不停地翻动原料，并随之加入调味品，使肉丝受热、入味均匀一致，菜肴成品才能达到鲜嫩软滑的质量要求。

小翻锅

再如制作“红烧排骨”时，主料在加热成熟过程中要用小翻锅技法有规律地进行翻动，勾芡时也要用小翻锅技法，边淋入水淀粉，边翻动主料，使汤汁逐渐变稠且分布均匀，达到明油亮芡的最佳效果。

二、大翻锅

大翻锅是将锅内的原料全部作 180° 翻转，也就是说原料通过大翻锅达到“底朝天”的效果，因动作和翻转幅度较大而称为大翻锅。

大翻锅的操作方法是：左手握锅柄或锅耳，晃动锅中菜肴，然后将锅拉离火口并抬起随即送向右上方，将锅抬高与灶面成 60° ~ 70° 夹角，在锅扬起的同时用手臂轻轻将锅向后勾拉，使原料腾空并向后翻转，这时菜肴会产生一个向上的冲力，为减轻冲力的影响要顺势让锅与原料一同下落，使锅扬起的角度变小并接住原料。

大翻锅的技术要求是：上述晃、送、扬、拉、翻、接一整套动作的完成要敏捷准确、协调一致、一气呵成，不可停顿分解。大翻锅适用于烹制造型美观的菜肴，如制作“锅塌豆腐”时，将豆腐加工处理后，码放于锅中，经煎制后改用小火烧入味，勾芡后要用大翻锅技法，使豆腐翻转后稳稳地落在锅中，形状不散不乱。

大翻锅

三、晃锅

晃锅的操作方法是：左手握锅柄或锅耳，通过手腕的力量使锅按顺时针或逆时针方向有规律地旋转，带动原料在锅内转动。

晃锅右转

晃锅左转

晃锅

晃锅适用于制作扒菜、锅塌菜和整个原料制作的菜肴。

晃锅的作用：

（1）调整锅内原料的位置，使其受热、汁芡、口味、着色均匀一致，并避免原料煳锅底。

（2）使淋入的明油分布更加均匀，减少原料与锅体的摩擦，增强润滑度。

（3）使原料与锅体产生一定的间隙（用肉眼难以观察到），为顺利翻锅做准备。

（4）由于锅体与原料产生摩擦，使部分原料的皮面亮度增加。

例如，制作“五香扒鸡”时，将蒸熟入味的整鸡皮面朝下放入锅内煨制，勾芡时一边晃锅，一边沿着原料边缘淋入水粉芡汁，使芡汁分布到原料各个部位，然后淋明油、晃锅，调整位置，把握时机大翻锅，使色泽金红的皮面朝下拖入盘中，其形其色赏心悦目。

四、悬翻锅

悬翻锅的方法是：左手握锅柄或锅耳，在恰当时机将锅端离火源，手腕托住锅略前倾将原料送至锅的前半部，在向后勾拉锅时使锅的前端翘起，同时与手勺协调配合，快速将原料翻动一次。由于锅内原料翻动及整套动作均悬空进行，故称悬翻锅。

悬翻锅

悬翻锅适用于制作一些特殊菜肴和盛菜时使用，以保证菜肴火候、装盘和卫生的要求。例如，制作拔丝类菜肴时，主料挂糊炸熟后投入熬好的糖浆锅中，快速将锅端离火源，采用悬翻锅技法不断翻动原料，使原料挂满糖浆，达到质量要求。类似这样的菜肴若使用其他翻锅技法势必会造成主料挂不均糖浆或糖浆变红发苦，失去拔丝菜肴的特色。另外，用爆、炒、熘等方法烹制的部分菜肴，也多采用悬翻锅技法将菜肴盛入盘中。具体方法是：在菜肴翻起尚未落下时，用手勺接住部分下落的菜肴盛入盘中，继续悬翻锅，用手勺再接住部分下落的菜肴盛入盘中，如此反复，一勺一勺将菜肴全部盛出。

五、助翻锅

助翻锅的方法是：左手握锅柄或锅耳，右手持手勺在炒锅上方里侧，在拉动锅体翻动菜肴的同时，用手勺由后向前推动原料使之翻动。

助翻锅

助翻锅常应用在原料数量较多，用其他方法难以翻动的菜肴制作中，一般配合小翻锅、悬翻锅技法才能有效实施。例如，制作 10 份“香辣鸡”时，由于原料数量多，很难将鸡块翻动，这时就要使用助翻锅技法来完成，使鸡块达到受热、入味均匀，成熟一致，汁匀芡亮的效果。又如，制作“拔丝山药”时，挂糖浆时虽然是用悬翻锅的技法来完成，但操作时必须用助翻锅的技法配合使原料翻动，在推动原料翻起的一刹那，将手勺插入尚未落下的山药底部，当山药落在手勺内时，将山药块分开落入锅内。如此反复连贯的动作，才能使糖浆挂得更匀更好。

六、转锅

转锅是指转动炒锅的一种锅工技术。转锅不同于晃锅，晃锅是锅与锅内的原料一起转动，转锅只是锅转动而原料不随锅转动。通过转锅，可防止原料粘锅。

转锅的操作方法是：左手握住锅柄、锅耳或锅边，锅不离灶口，快速将炒锅向左或右转动。

转锅的技术要领是：手腕向左或右转动时速度要快，否则原料会与锅一起转动，起不到转锅的作用。转锅技法主要用于烧、扒等烹调方法。

上述介绍的六种翻锅技法是烹制菜肴时常用的锅工技法，除此之外，还有前翻锅、左翻锅、右翻锅等技法，具体操作时使用哪种翻锅技法更合适，要因菜、因人、因环境等因素决定。但这里要强调一点，有些菜肴在烹制时只用一种翻锅技法很难达到最佳的效果，需要几种技法密切配合，如大翻锅必须与晃锅有机地结合，小翻锅、悬翻锅要与助翻锅巧妙地搭配等。只有灵活使用不同的翻锅技法，才能使烹制出的菜肴达到质量标准。

转锅

思考与练习

一、问答题

1. 简述小翻锅的操作方法。

2. 简述大翻锅的技术要求。

二、实训题

各种翻锅训练。

第三节　手勺的技法

锅工由翻锅动作和手勺动作两部分组成。手勺除了在翻锅过程中起重要的配合作用外，还是翻拌菜肴、舀料和盛装菜肴的重要工具。通过手勺与炒锅的密切配合，才能使烹调出的菜肴符合品质要求。在烹调过程中，手勺有以下几种技法。

一、拌

拌是在使用爆、炒等烹调方法烹制菜肴时，原料下锅后，先用手勺翻拌原料将其炒散，再利用翻锅技法将原料全部翻转，使原料受热均匀，成熟一致。

二、推

推是在对菜肴施芡时，用手勺背部或其勺口前端向前推炒原料或芡汁，扩大其受热面积，使原料与芡汁受热均匀，成熟一致。

拌

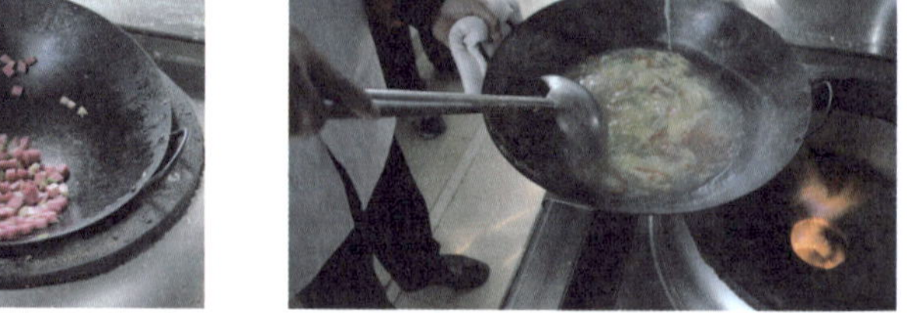

推

三、搅

有些菜肴在即将成熟时，往往需要烹入碗芡或碗汁，为了使芡汁均匀包裹住原料，要用手勺从侧面搅动，使原料、芡汁受热均匀并融为一体。

四、拍

在用扒、熘等烹调方法制作菜肴时，先在原料表面淋入水淀粉或汤汁，然后用手勺背部轻轻拍按原料，可使水粉芡向四周扩散、渗透，使之受热均匀，致使成熟的芡汁均匀分布。

搅

拍

五、淋

淋是在烹调过程中，根据需要用手勺舀取水、油或水粉芡，缓缓地将其淋入炒锅内，并使之均匀分布。淋是烹调菜肴时勾芡、明油常用的操作技法之一。

六、挤压

在原料加热过程中，为了加快速度或使原料排出一定的水分，经常用手勺背部来挤压原料。

淋

挤压

七、舀

在烹制菜肴时，不管是取主料、辅料、调料，还是其他烹调用料，常以手勺作为主要工具。

八、出菜

出菜又称出勺或装盘，是将烹制成熟的菜肴，整齐有序、美观地装入盛器内的操作过程。出菜是勺法综合运用的结果，主要的出菜方法有盛、倒、捞、摆、拖、扣等，以及它们互相结合的组合方法。

舀

出菜

思考与练习

一、问答题

在烹调过程中手勺有哪几种使用技法？每种技法各适用什么范围？

二、实训题

手勺的各种技法练习。

第四章
调味基本功

学习目标

1. 了解烹饪中常用调味原料的种类及作用
2. 掌握常用复合味型的调制方法

烹制菜肴过程中，调味与刀工、火候被称为烹调的三大工艺技术，是厨师必须具备的基本功之一。合理选用调料和调味方法不仅能突出原料的本味，赋予菜肴鲜美的滋味，还能除去原料的异味，调配菜肴色泽，增加菜肴的芳香味，使菜肴美观，确定菜肴风味，丰富菜肴味型。因此，熟练掌握调味基本功是保证菜肴质量的前提和基础。

第一节　味与味觉

一、味

1. 味的概念

味是指物质所具有的能使人得到某种味觉的特性，如咸味、甜味、酸味、苦味等。

2. 味的分类

味概括起来可分为单一味和复合味两大类。

（1）单一味

单一味也称基本味、单纯味，是最基本的滋味，是指只用一种味道的呈味物质调制出来的滋味。从味觉生理的角度看，单一味只有咸味、甜味、酸味、苦味四种。此外，由于人们的习惯，往往把辣味、鲜味、麻味、涩味也列为单一味，但辣味实际是刺激口腔黏膜而引起的痛觉（灼痛感、灼热感），同时也伴有鼻腔黏膜的痛觉；鲜味则需要和其他原味配合使用，有使整个风味比它自身味道更鲜美的特殊作用；麻味、涩味则是指舌黏膜的收敛感。因调味时经常使用这些滋味，故也可将其列入单一味之中。

（2）复合味

复合味是指用两种以上的呈味物质调制出来的具有综合味感的滋味，是原料本味以外的调料味之间的复合，如咸鲜味、咸甜味、酸甜味等。

3. 常用调味料及其在烹调中的作用

（1）精盐

精盐也称细盐、加工盐，其呈味物质是氯化钠。精盐是百味之主，除了能调和入味外，还有许多其他作用。利用精盐的高渗透压作用可以用来腌渍动植物原料，并可以抑制腐败细菌的生长，防止原料变质。在制作茸泥菜肴时，在茸泥（鸡茸、鱼茸）中加入适量的精盐进行调拌，可大大提高茸泥的吃水量，使制成的菜肴柔嫩多汁。制作蜜汁类甜菜时，加入少量精盐，能够起到增甜解腻的作用。此外，制汤时加入适量精盐可增加汤汁的鲜味。

（2）食糖

食糖是烹制菜肴时经常使用的甜味调料。食糖既可以调制单一甜味菜肴，也可以调配复合味菜肴。如甜酸味型的菜肴中，食糖是必不可少的调料，适量的食糖与食醋配合使用，可调配出酸甜适口的美味佳肴。食糖在烹调中除上述的作用外，还可以用来腌渍动植物原料，即糖渍。

（3）食醋

食醋是烹制菜肴时经常使用的酸味调料。食醋具有调和菜肴滋味、增加菜肴香味、去除原料异味的作用；能减少原料中维生素 C 的损失，促进原料中钙、磷、铁等矿物成分的溶解，提高菜肴的营养价值和人体的吸收利用率；能够调节和刺激人的食欲，促进消化液的分泌，有助于食物的消化吸收；能使肉质软化；具有一定的抑菌、杀菌作用，可用于食物或原料的保鲜防腐；还具有一定的营养保健功能。

（4）味精

味精是烹制菜肴时经常使用的鲜味调料，其主要成分是谷氨酸钠，俗称味素、味之素。味精呈结晶或结晶粉末状，有一种特有的鲜味，易溶于水，溶解度随温度的升高而增大。味精在烹调中有增鲜、和味与增强复合味的作用。使用味精时应注意加热时间和温度，不宜在高温下长时间加热，不要在碱性、酸性环境下使用。味精最宜在食盐溶液中使用。

（5）酱油

酱油是以黄豆、小麦等为原料，经发酵等工艺加工而成的棕褐色液体，附着力强。酱油有酱香和脂香气，味鲜美醇厚，有调味、提色、增鲜的作用，广泛用于凉菜、热菜以及面点、小吃制作。酱油的营养成分主要是蛋白质、碳水化合物等。酱油内所含的 18 种氨基酸中有 8 种是人体不能合成却又是必需的。

（6）酱

酱是以豆、面、米为原料，利用微生物的生化作用经酿造而成的一种发酵调味料。根据用料的不同分为豆酱、面酱、蚕豆酱三类。酱品调味料在烹调中具有改善菜肴色泽和口味，增加菜肴酱香味的作用，可作为码味、调味或蘸食使用。

（7）鸡精

鸡精是以鲜鸡肉、鲜鸡蛋为主要原料精制而成的高级调味品，其味鲜美、色淡黄，呈颗粒状。鸡精含有多种氨基酸，融鲜味、香味和营养于一体，被广泛用于菜肴、点心、馅料、汤菜的调味。

（8）豆豉

豆豉是以黄豆、黑豆为主要原料，加曲霉菌发酵制成的颗粒状调味品，在烹调中起提鲜、增香的作用，多用于炒、烧、爆、蒸等烹制的菜肴。

二、味觉

1. 味觉的概念

所谓味觉，是指某些溶解于水或唾液的化学物质作用于舌面及口腔黏膜上的味蕾所引起的感觉。味蕾是人体的味觉感受器，主要分布在舌的表面，特别是舌尖和舌的侧缘，会厌和咽后壁等处也有一些分布，对溶于水的物质最敏感。味蕾接触到食物后，受到刺激而引起神经冲动，随后迅速传递给人的大脑味觉中枢，再经大脑综合分析后形成味觉印象。

2. 味觉的分类

味觉是一种生理感受，有广义和狭义之分。广义味觉也称综合味觉，是指食物送入口腔，经咀嚼进入消化道后所引起的感觉过程。广义味觉既包括人们对菜肴的个体形状、整体造型、色泽等因素构成的心理感觉，即心理味觉，也包括由人们所感知到的菜肴温度、质感、黏稠度、润滑度等物理性质的感觉，即物理味觉。狭义味觉是由菜肴化学成分决定的、由口腔味蕾细胞所感受到的味觉。

在烹调技艺中，调味作为一门专门的技艺，主要研究的是化学味觉，即菜肴中可溶性成分溶于唾液或菜肴的汤汁，刺激口腔中的味蕾，经过神经传达到大脑味觉中枢所产生的味觉。

3. 影响味觉的因素

（1）温度

温度对味觉有一定的影响，一般在 10 ~ 40 ℃时是味觉感受的最适宜温度，其中以 30 ℃左右时的味觉感受最为敏感。不同的菜肴对温度的要求各不相同，热菜的最佳食用温度为 60 ~ 65 ℃，而冷菜最好在 10 ℃左右。此外，一年四季温度的变化对人的味觉也有影响，季节的不同会造成人们味觉感受的差异。一般来说，在炎热的夏

季，人们多喜欢口味清淡的菜肴；在寒冷的冬季，人们则多喜欢口味浓厚的菜肴。

（2）浓度

呈味物质的浓度对人们味觉感受程度的影响也很大。呈味物质的浓度越大，人们对味觉的感受就越强，反之味感就越弱，例如，食盐的咸味在含量 0.06% 以下、食糖的甜味在含量 1.1% 以下时，人们一般均感觉不到咸味和甜味的存在。咸味最佳的感觉范围是食盐含量为 0.8% ~ 2.0%。不同类型的菜肴对呈味物质最佳浓度的要求也略有不同，如食盐在汤菜中一般浓度以 0.8% ~ 1.2% 为宜，在烧、焖等类菜肴中一般以 1.5% ~ 2.0% 为宜。这就要求在调味时，一定要根据菜肴的成菜标准，掌握好各种呈味物质的浓度。

（3）水溶性和溶解度

味觉的感受程度与呈味物质的水溶性和溶解度有着直接的关系。味觉只能感受溶解于水的呈味物质，绝对干燥的环境和不能溶于水的物质，是不能产生味觉的。呈味物质只有溶于水成为水溶液后，才能够刺激到味蕾产生味觉。溶解速度的快慢直接影响味觉的形成，溶解速度越快，产生味觉的速度也就越快，反之就越慢。例如，食盐、食糖的溶解速度较快，无论用它们调制热菜还是冷菜，人们都能很快感受到食盐的咸味和食糖的甜味。

（4）生理条件

影响人们味觉感受强度变化的生理条件主要有年龄、性别及某些特殊生理状况等。一般来说，年龄越小，味觉感受就越灵敏，随着年龄的增长，味觉感受会逐渐衰退。例如，儿童对苦味最敏感，老年人则比较迟钝。性别不同，对味的分辨能力也有一定的差异，一般女性分辨各种味的能力，除咸味以外，都强于男性。味觉是个人的味神经冲动感受，受个人味觉敏感差异的影响，因此调味要因人而异。味觉还受味蕾健康状况的影响，人生病时口中无味，常常是因为味蕾处在病态。此外，当人饥饿时，对味的感受极为敏感，而饱食后则对味的感受比较迟钝。

（5）个人饮食偏好

不同的饮食习惯会形成不同的饮食偏好，从而造成人们味觉的差异。由于人们所处地域、气候、个人饮食偏好的不同，造成了味觉感受的不同。在特定生存环境中长期生活的人们，由于经常接受某一种过重滋味的刺激，便会逐渐养成特定的口味习惯，形成味觉的永久适应。但人们的饮食偏好也是可以随着生活习惯、生活方式的改变而发生变化的。

（6）各种味觉之间的相互影响

1）味的对比现象。味的对比现象（也称味的突出现象）是指两种或两种以上的呈味物质，以适当的浓度调配在一起，使其中一种呈味物质的味觉更为协调可口的现象。例如，在制作甜酸味型菜肴时，调味汁中加入适量精盐，可使甜味的味感增强，从而使菜肴口味达到甜酸适口的目的。再如制汤时要使汤汁鲜醇，也需加入适量精盐，以增加鲜味的味感程度。这种味的对比现象在实际工作中已得到了广泛的应用。

2）味的消杀现象。味的消杀现象（也称味的掩盖现象）是指两种或两种以上的呈味物质，以适当浓度混合后，使每种味觉都减弱的现象。例如，烹制水产品、家畜内脏等有腥臊异味的原料时，所使用调料的数量应相对加大，以去除或减少原料中的异味。此外，当调味出现咸味过重时，相应地酌加食糖可减缓过重咸味带来的不良味道。

3）味的相乘现象。味的相乘现象（也称味的相加现象）是指两种相同味感的呈味物质共同使用时，其味感增强的现象。例如，在制作清汤时加入适量味精，可使汤汁鲜味的味感增强。

4）味的变调现象。味的变调现象（也称味的转化现象）是指将多种味道不同的呈味物质混合使用，导致各种呈味物质的本味发生转变的现象。例如，人们在食用味道较浓的菜品后，再食用味道较清淡的菜品，则感觉后者无味。所以在制定宴席菜单时，应考虑并合理安排上菜的顺序，以适应进餐者口味的需求。一般宴席上菜时对口味的要求是：先上味道清淡的菜肴，后上味道浓厚的菜肴；先上咸味的菜肴，后上甜味的菜肴。以避免味道的相互转换，而影响人们对菜肴的品味。

思考与练习

问答题

1. 简述精盐、食醋、酱油在烹调中调味的作用。
2. 简述影响味觉的因素。

第二节　调味的作用与原则

调味就是调和菜肴的滋味，具体地说，就是运用各种呈味调料和有效的调制手段，使调料与原料相互作用、协调配合，从而赋予菜肴一种新的滋味。

一、调味的作用

1. 可以除去异味、增进美味

在烹饪原料中，家畜类原料及其内脏和部分水产品等，大多有较浓重的腥、膻、臊等不良气味，往往会影响菜肴成品的质量，经调料的相互调配可减弱或去除这些不良气味，达到成菜的质量标准。此外，调味能赋予原料滋味，特别是一些自身无味的原料，如豆腐、土豆、粉丝及经涨发后的干制原料等，其本身并不具备鲜美的滋味，必须与调料或与具有呈味物质的原料共同调配，才能获得人们喜爱的滋味。通过调味还可使单一的味复合成鲜美可口的复合味，使原料成为美味可口的佳肴。

2. 可使菜肴形成风味

菜肴的口味主要靠调味来决定，烹饪原料只有通过调味才能形成不同味道的成品菜肴。调味可使菜肴味型多样化，也是扩大菜肴品种和形成各种地方风味菜肴的重要手段。各地菜肴的调味方法、味型各有不同，因此形成了各自的风味特色，各地风味特色的差异，慢慢形成了菜肴的不同流派。

二、调味的原则

1. 根据菜肴风味及烹调方法的要求准确调味

各地的菜肴风味均不相同，在调制菜肴的口味时应视菜肴风味的要求，做到准确调味。由于各地菜肴风味、烹调方法各异，所以应根据菜肴成菜的质量标准，做到投料准确适时，力求投料规格化、标准化，做到同一类菜肴重复制作多次，其味道能基本保持一致。

2. 根据烹饪原料的不同质地进行调味

在烹调中对不同性质的原料要做到因材施用。由于原料质地及菜肴成品的质量要求不同，在调味时要结合原料的特性和成菜标准合理调味。

新鲜的原料要突出原料的本味，不宜用调料掩盖其本味；带有腥膻等异味的原料，要酌加调料以去除其不良味道；无显著本味的原料，如经涨发后的鱿鱼、海参、鱼翅、燕窝等，调味时必须适当增加鲜味，以弥补其鲜味的不足。

3. 根据不同的季节因时调味

随着季节的变化，人们的口味也随之而改变。因此，调味时要在保证菜肴风味特色的前提下，根据不同的季节来调剂菜肴的口味。特别是设计整桌的宴席时，更要考虑每一季节的特点来设计宴席菜肴的口味。在不同的季节，人们对菜肴味道的要求也有差别：春季人们宜多食酸，夏季人们宜多食苦，秋季人们宜多食辛，冬季人们宜多食咸。设计宴席菜单时一般可根据季节的特点，因时调剂菜肴的口味。夏季气温较高时，口味一般以清淡为宜，寒冷的冬季，口味则以味道浓厚为主。

4. 根据进餐者口味的要求进行调味

由于进餐者的风俗、饮食习惯、个人喜好、性别、年龄、职业的不同，在调味时应根据进餐者的口味要求，因人而异，合理调味，以满足他们的不同需求。

思考与练习

问答题

1. 简述调味的作用。

2. 调味的原则有哪些？

第三节　调味的方法与过程

调味的方法是指在烹调加工中使原料入味（包括附味）的方法。

一、调味的方法

按烹调加工中入味的方式不同，调味一般可分为以下几种方法。

1. 腌渍调味法

腌渍调味法是指将调料与原料调和均匀，或将原料浸泡在溶有调料的溶液中，经过一段时间的腌渍，使原料入味的调味方法。如制作炸类菜肴时，原料在加热前一般都需要进行腌渍调味，使之达到入味的目的。

2. 分散调味法

分散调味法是指将调料溶解并分散于汤汁中的调味方法。如制作丸子类菜肴时，调制肉馅一般采取的就是分散调味法，以使调料能均匀地分散在原料中，从而达到调味的目的。

3. 热渗调味法

热渗调味法是指通过加热，使调料中的呈味物质渗入到原料内部的调味方法。此法是在上述两种调味方法基础上进行的，一般在烧、烩、蒸等烹调方法中应用。如制作烧类菜肴时，一般采取热渗调味法，烹调时采用小火、长时间加热的方法，以使汤汁中调料的呈味物质由表及里地渗透至原料的内部，从而使原料入味，菜肴味道鲜美。

4. 裹浇、粘撒调味法

裹浇、粘撒调味法是将液体（或固体）状态的调料黏附于原料表面，使之带有滋味的调味方法。裹浇调味法在调味的不同阶段均有应用，如制作冷菜“怪味鸡”时，是在原料加热后将调味汁浇在原料的体表进行调味的，制作热菜“糖醋脆皮鱼”时也是采用此法。而粘撒调味法则是在原料加热前或加热后进行调味的，如制作“糖拌西红柿”时，是将改刀后的西红柿装盘后，撒上白糖进行调味。

5. 随味碟调味法

随味碟调味法是将调味料盛装在小碟或小碗中，随菜肴一起上席，供用餐者蘸而食之的调味方法。这种方法在冷菜、热菜中均有应用，如炸类菜肴的原料经烹调后均需要进行调味，一般采用的都是随味碟调味法，进行调味的味型应视菜肴的要求及进餐者的需求而定。

二、调味的过程

调味的过程按菜肴的制作工序可划分为原料在加热前的调味、加热中的调味和加热后的调味三个阶段。

1. 原料在加热前的调味

原料在加热前的调味属于基本调味，是指原料在正式加热前，采用腌渍等方法对其进行调味，利用调料中呈味物质的渗透作用，使原料表里有一个基本的味型。此阶段调味的主要目的是使原料在正式烹调前就具有基本的味型（也称入底味、底口），同时也能改善原料的气味、色泽、质地及持水性。

原料在加热前的调味一般适用于炸、煎、烧、炒、熘、爆等烹调方法制作的菜肴。由于制作菜肴的品种、要求的不同及原料质地、形状的差异，在调味时应恰当投放调料，并根据原料的质地合理安排腌渍的时间。

2. 原料在加热中的调味

原料在加热中的调味属于定型调味，是指原料在加热过程中，根据菜肴的要求，按照时序，采用热渗、分散等调味方法，将调料放入加热容器（炒锅、蒸锅）中，对原料进行调味。其目的主要是使所用各种原料（主料、配料、调料）的味道融合在一起，并且相互配合、协调一致，从而确定菜肴的味型。

原料在加热中的调味一般适用于烧、蒸、煮等烹调方法制作的菜肴。由于原料在加热中的调味是定型调味，是基本调味的继续，对菜肴成品的味型起着决定性的作用，所以调味时应注意调味的时序，把握好调料的数量。

3. 原料在加热后的调味

原料在加热后的调味属于补充调味，是指原料加热结束后，根据菜肴成品的要求，在菜肴出锅后，采用裹浇、随味碟等方法进行补充调味。其目的是补充前两个阶段调味的不足，使菜肴成品的滋味更加完美。

原料在加热后的调味一般适用于炸、熘、烤、涮等烹调方法制作的菜肴，调味时应根据菜肴成品的要求，采用不同的调料作必要的补充调味。

上述三个阶段的调味是紧密联系在一起的调味过程，它们之间相互联系、相互影响、互为基础，其主要目的是保证菜肴获得理想的滋味。

思考与练习

问答题

1. 简述调味的方法，并列举相关菜肴实例。
2. 简述调味过程的不同阶段以及相互间的关系。

第四节　常见菜肴味型与自制复合调料

菜肴味型是用几种调料调配而成的、具有各自本质特征的风味类型。由于菜肴的味型较多，调制方法多样、变化复杂，所以一般调料有时不能满足菜肴制作的需要，往往需要自制一些复合调料，以确保菜肴口味、色泽的要求。

一、常见菜肴味型的特点及应用

1. 常见冷菜味型的特点及应用

（1）红油味型

味型特点是咸鲜、微甜、香辣，如“红油肚丝”“红油百叶”等菜肴。

（2）姜汁味型

味型特点是咸鲜、香辣，姜味突出，如“姜汁蟹柳”“姜汁松花蛋”等菜肴。

（3）蒜泥味型

味型特点是咸鲜、辣、微甜，蒜香浓郁，如“蒜泥白肉”“蒜泥腰片”等菜肴。

（4）椒麻味型

味型特点是咸鲜、麻香，如“椒麻鸭块”“椒麻仔鸡”等菜肴。

（5）怪味味型

味型特点是咸、甜、辣、酸、香、鲜，如“怪味鸡”“怪味鸭条”等菜肴。

（6）咸鲜味型

味型特点是咸、鲜、香，如“拌三丝”“炝黄瓜条”等菜肴。

（7）芥末味型

味型特点是咸鲜、香辣、微酸，如“芥末鸭掌”“芥末白菜墩”等菜肴。

（8）麻酱味型

味型特点是咸鲜，麻酱香味浓郁，如“麻酱三鲜”“麻酱粉皮”等菜肴。

（9）麻辣味型

味型特点是咸鲜、麻辣、香，如“麻辣牛肉”“麻辣鸡丝”等菜肴。

（10）鱼香味型

味型特点是咸、酸、甜、辣，葱姜蒜味浓郁，如“鱼香鸡条”“鱼香豆丝”等菜肴。

（11）甜酸味型

味型特点是甜、酸、香、微咸、鲜，如“糖醋小排”“糖醋菜卷”等菜肴。

（12）五香味型

味型特点是咸鲜、微甜，香味浓郁，如“五香鱼”“五香鸭”等菜肴。

（13）酱香味型

味型特点是咸鲜、香甜，酱香味浓，如“酱牛肉”“酱猪蹄”等菜肴。

（14）烟香味型

味型特点是以咸鲜为主，烟香味浓，如“熏鱼”“熏鸡”等菜肴。

2. 常见热菜味型的特点及应用

（1）咸鲜味型

味型特点是咸鲜，如“滑熘肉片”“熘鱼片”等菜肴。

（2）鱼香味型

味型特点是咸、甜、酸、微辣，葱姜蒜味浓郁，如“鱼香肉丝”“鱼香茄盒”等菜肴。

（3）荔枝味型

味型特点是咸鲜、酸甜，如“荔枝鱿鱼”“荔枝墨鱼花”等菜肴。

（4）甜酸味型

味型特点是甜酸、咸鲜，如“糖醋鱼”“糖醋里脊”等菜肴。

（5）麻辣味型

味型特点是麻辣、咸鲜、香，如“水煮牛肉”“麻婆豆腐”等菜肴。

（6）糊辣味型

味型特点是麻辣、咸鲜、酸甜，如“宫保鸡丁”“宫保鲜贝”等菜肴。

（7）咸甜味型

味型特点是咸鲜、香、微甜，如“红烧鱼块”“红烧鸡块”等菜肴。

（8）咖喱味型

味型特点是咸鲜、香辣，如“咖喱牛肉”“咖喱土豆”等菜肴。

（9）家常味型

味型特点是咸鲜、微辣，如“家常蹄筋”“家常海参”等菜肴。

（10）豆瓣味型

味型特点是咸鲜、香辣、微酸甜，如“豆瓣鲤鱼”“豆瓣鸡块”等菜肴。

（11）酸辣味型

味型特点是酸辣、咸鲜、香，如“酸辣汤”“酸辣三鲜汤”等菜肴。

（12）香甜味型

味型特点是甜香，如“拔丝苹果”“八宝酿苹果”等菜肴。

（13）咸苦味型

味型特点是咸鲜、苦、微甜，如“炒苦瓜丝”等菜肴。

（14）咸香味型

味型特点是以咸鲜为主，香味浓郁，如“软炸里脊”“软炸虾仁”等菜肴。

（15）咸辣味型

味型特点是咸辣，如“辣子鸡丁”“辣子肉丁”等菜肴。

（16）五香味型

味型特点是咸鲜、微甜，香味浓郁，如“五香鸡块”等菜肴。

（17）酱香味型

味型特点是咸鲜、回甜，酱香味浓，如“酱爆鸡丁”“京酱肉丝”等菜肴。

（18）糟香味型

味型特点是咸甜适口、糟香味醇，如“糟熘鱼片”“糟熘三白”等菜肴。

（19）烟香味型

味型特点是以咸鲜为主，烟香味浓，如“樟茶鸭”等菜肴。

二、常用自制复合调料的特点及应用

1. 三合汁

三合汁以咸鲜为主，兼有香味，是冷菜常用的复合调味汁。

2. 姜醋汁

姜醋汁酸辣香醇，一般为冷菜常用的复合调料，如“姜汁菠菜”“姜醋松花蛋”等。在热菜制作中也有应用，如清蒸新鲜的鱼、蟹、虾等，可随味碟由进餐者自行佐食。

3. 香糟汁

香糟汁也称香精卤，其糟香味醇，是糟香味型菜肴经常使用的调料，在冷菜、热菜中均有应用，如“糟熘鱼片”的制作就是应用了香糟汁，因此菜肴糟香味浓。

4. 糖醋汁

糖醋汁口味甜酸，其所用调料、调制方法及调配的比例，南北各地有所不同，应视菜肴的具体标准、要求调制，一般多用于甜酸味型的冷、热菜肴的调味。

5. 椒麻糊

椒麻糊也称葱椒糊，具有葱与花椒的香辣麻味道，常用于冷菜的调味，如“椒麻仔鸡”等菜肴。

6. 芥末糊

芥末糊呈浅黄色，为半流体状态的稀糊，具有香辣味，常用于冷拌菜肴及热菜的调味，如“芥末鸭掌”等菜肴。

7. 花椒盐

花椒盐也称椒盐，味咸鲜香麻，常用于热菜中炸类菜肴的调味，一般随味碟上席，由进餐者自行蘸食。

8. 花椒油

花椒油其味香麻，适用于冷菜的调拌及一些热菜的调味。

9. 辣椒油

辣椒油也称红油，具有色红油亮、香辣味厚的特点，是冷菜、热菜调味时经常使用的调料。

10. 咖喱油

咖喱油呈姜黄色，香辣味浓，可用于冷菜、热菜的调味。

11. 葱油

葱油香味浓厚，适用于冷菜及热菜的调味，如“葱油肉丝”“葱烧海参”等菜肴。

12. 葱椒油

葱椒油的葱味及花椒的香麻味浓郁，适用于热菜调味，一般用于底油或明油。

13. 鸡油脂（鸡油）

鸡油脂色黄味香，适用于热菜的调味，一般用于明油。

思考与练习

问答题

列举你熟悉的菜肴，并简要说明它们所属的味型。

第五节 常用复合味型的调制及应用

现代复合味型是利用传统调味料与新型调味品加以有机配伍而生成的一种菜肴味型，近年来在全国得以广泛应用。

一、葱香味型

【味型特点】葱香清爽，微辣咸鲜，略带回甜。

【所用原料】浓香鹅肉粉 10 克，清汤 30 克，味精 5 克，葱油 10 克，洋葱茸 10 克，香油 5 克，精盐 2 克，白糖 10 克，美极鲜酱油 10 克。

【调制方法】将所有调味料放入器皿内调拌均匀即成。

【适用范围】主要适用于凉菜和热菜的调味，如“凉拌卤鹅肉条”“香葱牛肉片”等菜肴。

二、蒜香味型

【味型特点】蒜香味浓，鲜咸微辣，略有酸甜。

【所用原料】鸡粉 5 克，精盐 5 克，白糖 10 克，调和油 50 克，蒜茸 200 克。

【调制方法】取鸡粉、精盐、白糖放入器皿内待用。另将调和油倒入锅中加热，放入蒜茸微炒至金黄色后，把油倒入放有鸡粉、精盐、白糖的器皿内搅拌均匀即成。

【适用范围】主要适用于热菜蘸食，如“软炸鲜虾”等菜肴。

三、姜香味型

【味型特点】姜味浓郁，咸鲜微辣，略有回酸。

【所用原料】肉宝王 5 克，清汤 20 克，味精 1 克，鲜姜茸 20 克，香醋 20 克，精盐 2 克，香油 15 克。

【调制方法】将所有调味料放入器皿内调拌均匀即成。

【适用范围】主要适用于凉菜的调味，如“姜汁拌鱼片”等菜肴。

四、芥末味型

【味型特点】芥辣咸鲜，略带酸甜。

【所用原料】乙基麦芽糖粉 5 克，味精 2 克，绿芥辣酱 20 克，芥末油 5 克，美极鲜酱油 20 克，白醋 10 克，香油 5 克。

【调制方法】将所有调味料放入器皿内调拌均匀即成。

【适用范围】主要适用于凉菜的调味，如“芥末鸭掌”等菜肴。

五、香辣味型

【味型特点】咸鲜微辣，略有回酸。

【所用原料】浓缩牛肉汁 20 克，牛精粉 5 克，郫县豆瓣辣酱 30 克，味精 2 克，李锦记香辣酱 5 克，姜茸 5 克，蛋黄粉 10 克，牛肉清汤 200 克，酱油 10 克，红油 10 克，料酒 20 克，葱油 30 克。

【调制方法】锅中放入葱油烧热，放入郫县豆瓣辣酱、李锦记香辣酱、姜茸、蛋黄粉略煸出香味后，把上述其他调味料放入锅中搅匀即成。

【适用范围】主要适用于热菜的调味，如“香辣鲈鱼段”等菜肴。

六、胡椒味型

【味型特点】香鲜微辣，略有回甜。

【所用原料】浓香鹅肉粉 20 克，味精 5 克，精盐 3 克，清汤 500 克，黑胡椒粉 20 克，干洋葱茸 50 克，蒜茸 50 克，鲜红尖椒碎末 100 克，米酒 40 克，白糖 50 克，美极鲜酱油 20 克，调和油 20 克。

【调制方法】先将调和油放入锅内烧热，放入黑胡椒粉、干洋葱茸、蒜茸、鲜红尖椒碎末煸炒出香味，再放入米酒、清汤、浓香鹅肉粉、白糖、味精、精盐、美极鲜酱油烧开调匀即成。

【适用范围】主要适用于热菜的调味，如“黑椒牛柳”等菜肴。

七、麻香味型

【味型特点】麻香醇厚。

【所用原料】肉香王精油 10 克，干花椒 100 克，调和油 250 克。

【调制方法】锅内放入调和油烧热，放入干花椒浸炸至褐色，经过滤后倒入器皿内，再加入肉香王精油搅匀即成。

【适用范围】主要适用于凉菜和热菜的明油调制，如“香麻莲藕片”“香麻明虾片”等菜肴。

八、孜然味型

【味型特点】孜然香浓，味醇咸鲜。

【所用原料】超鲜羊肉粉 10 克，孜然粉 30 克，精盐 15 克。

【调制方法】将上述原料掺和在一起拌匀，撒在成熟后的原料表面即成。

【适用范围】主要适用于炸制类和烤制类菜肴成品表面，如“孜然羊肉条”“孜烤全羊”等菜肴。

九、豉香味型

【味型特点】豉香浓郁，咸鲜醇厚。

【所用原料】浓缩鸡汁 10 克，味精 100 克，清汤 100 克，熟鸡油 15 克，粤式豆豉料 20 克，蒜茸 10 克，小葱末 15 克，姜丝 10 克，料酒 10 克，老抽 5 克，精盐 2 克，白糖 5 克，胡椒粉 1 克，香油 10 克，调和油 20 克，水淀粉 10 克。

【调制方法】锅内放入调和油烧热，放入粤式豆豉料、蒜茸、小葱末、姜丝煸炒出香味，再放入料酒、老抽、精盐、白糖、胡椒粉、浓缩鸡汁、味精、清汤烧开，汤汁渐浓时用水淀粉勾芡，淋入香油、熟鸡油即成。

【适用范围】主要适用于热菜的调味，如“豆豉烧鸡翅”等菜肴。

十、腐乳味型

【味型特点】腐乳香醇，咸鲜爽口。

【所用原料】广东白腐乳汁 30 克，葱段 5 克，姜片 5 克，料酒 10 克，蘑菇精 5

克，味精 5 克，清汤 100 克，调和油 20 克，水淀粉 10 克。

【调制方法】锅内放入调和油烧热，放入葱段、姜片煸炒出香味，再加入广东白腐乳汁略炒后，放入料酒、清汤、蘑菇精、味精烧开，用水淀粉勾芡即成。

【适用范围】主要适用于热菜的调味，如“腐乳炒玉笋”等菜肴。

十一、海鲜味型

【味型特点】咸鲜醇厚，略有回甜。

【所用原料】和味浓（超浓缩鲜味汤）10 克，清汤 300 克，味精 5 克，熟鸡油 10 克，鲍鱼素 10 克，蚝油 10 克，老抽 5 克，白糖 10 克，水淀粉 10 克。

【调制方法】先将清汤放入锅内，再放入鲍鱼素、蚝油、老抽、白糖、和味浓、味精，烧开后用水淀粉勾芡，淋入熟鸡油即成。

【适用范围】主要适用于热菜的调味，如“鲍汁白灵菇”等菜肴。

十二、酱腌味型

【味型特点】味醇咸鲜，酱香浓厚。

【所用原料】浓缩牛肉汁 10 克，味精 5 克，牛清汤 100 克，天源咸味酱菜末 30 克，葱段 10 克，姜片 10 克，水淀粉 10 克，香油 10 克，调和油 20 克，料酒 20 克。

【调制方法】锅内放入调和油烧热，放入葱段、姜片煸炒出香味，加入料酒、天源咸味酱菜末、浓缩牛肉汁、味精、牛清汤烧开后，用水淀粉勾芡，淋入香油即成。

【适用范围】主要适用于热菜的调味，如“酱香牛肚片”等菜肴。

十三、咖喱味型

【味型特点】咸鲜微辣，咖喱香浓。

【所用原料】调和油 400 克，清汤 1 000 克，高汤粉 50 克，干葱茸 150 克，蒜茸 100 克，姜末 100 克，红辣椒粉 50 克，洋葱茸 200 克，咖喱粉 20 克，咖喱油 10 克，丁香粉 10 克，八角粉 10 克，陈皮末 5 克，肉桂粉 10 克，香菜段 20 克，葱段 20 克。

【调制方法】先将调和油放入锅内烧热，放入干葱茸、蒜茸、姜末、红辣椒粉、洋葱茸煸炒出香味后，再下入咖喱粉、咖喱油、丁香粉、八角粉、陈皮末、肉桂粉同炒至出香味，加入清汤、高汤粉搅匀，最后加入香菜段、葱段用小火微煲 50 分钟，去除香菜段、葱段即成。

【适用范围】主要适用于汤羹类热菜的调味，如“浓汤咖喱牛肉”等菜肴。

十四、沙茶味型

【味型特点】沙茶浓香，咸鲜微辣，略有回甜。

【所用原料】易鲜素 20 克，油炸花生碎末 100 克，花生酱 50 克，虾酱 20 克，豆瓣酱 70 克，洋葱末 3 克，葱末 5 克，蒜茸 5 克，五香粉 5 克，咖喱酱 10 克，椰浆 30 克，丁香末 3 克，香茅炒香蘑细末 15 克，白糖 50 克，酱油 20 克，调和油 1 000 克。

【调制方法】锅中放入调和油烧热，先放入洋葱末、葱末、蒜茸煸炒出香味后，再放入上述其他调味料用微火煸炒至水分渐少、汤汁渐稠即成。

【适用范围】主要适用于热菜的调味，如“潮式沙茶牛柳”等菜肴。

十五、葱椒味型

【味型特点】葱椒味浓郁，辛麻咸鲜。

【所用原料】蘑菇精 10 克，乙基麦芽糖粉 5 克，干花椒 30 克，小葱叶 80 克，精盐 20 克。

【调制方法】将干花椒与小葱叶剁碎，再加入上述其他调味料搅匀即成。

【适用范围】主要用于凉菜的调味，如“葱椒鳝片”等菜肴。

十六、甜酸味型

【味型特点】甜酸香醇，略有回咸。

【所用原料】肉宝王 5 克，清汤 50 克，番茄酱 20 克，蒜茸 10 克，葱姜汁 10 克，白糖 40 克，香醋 30 克，精盐 10 克，调和油 20 克，香油 10 克，水淀粉 10 克，黄油 10 克。

【调制方法】锅中放入调和油烧热，放入番茄酱、蒜茸、葱姜汁煸炒出红油，再放入上述其他调味料调匀烧开，用水淀粉勾芡后，淋入香油即可。

【适用范围】主要适用于凉菜的调味，如“糖醋小排骨”等菜肴。

十七、咸甜味型

【味型特点】咸甜适中，香鲜醇厚。

【所用原料】肉宝王 10 克，味精 5 克，清汤 500 克，日本梅林 50 克，日本酱油

100 克，白糖 50 克。

【调制方法】锅烧热放入上述所有调味料熬开，汁渐浓时即成。

【适用范围】主要适用于凉菜和热菜的调味，如“咸甜黑鱼丝”“浓汁鳕鱼块”等菜肴。

十八、酸辣味型

【味型特点】酸香微辣，咸鲜清爽。

【所用原料】鲜金针花 15 克，花味香精 1 克，香醋 20 克，红油 30 克，美极鲜酱油 30 克，鲜蒜茸 10 克，鲜姜茸 10 克，精盐 5 克，味精 5 克，清汤 20 克，香油 10 克。

【调制方法】将上述调味料放入器皿内调匀，撒上鲜金针花即成。

【适用范围】主要适用于凉菜的调味，如“酸辣猪肚丝”等菜肴。

十九、蒜油味型

【味型特点】蒜香清醇，咸鲜微辣，略带回酸。

【所用原料】鲜香菜末 20 克，芹菜末 10 克，鲜蒜茸 40 克，美极鲜酱油 10 克，香油 20 克，蒜油 20 克，浓缩鸡汁 5 克，清汤 100 克，味精 5 克，精盐 5 克，香醋 20 克。

【调制方法】锅内放入蒜油烧热，再放入鲜蒜茸略煸，加入上述其他所有调味料后，撒上鲜香菜末拌匀即成。

【适用范围】主要适用于凉菜和热菜的调味，如“蒜泥牛肚（凉菜）”“蒜泥爆虾段”等菜肴。

二十、豉茸味型

【味型特点】豉香浓郁，鲜咸味醇。

【所用原料】混合香草碎（干）20 克，鲜蒜茸 50 克，豆豉茸 200 克，料酒 20 克，调和油 50 克，精盐 10 克。

【调制方法】锅内放入调和油烧热，放入鲜蒜茸、豆豉茸煸炒出香味，再放入上述其他调味料略炒片刻即成。

【适用范围】主要适用于热菜的调味，如“豉茸蛏子”等菜肴。

二十一、酱汁味型

【味型特点】腐乳醇香，鲜咸回甜。

【所用原料】鲜芹菜汁 50 克，芹菜末 50 克，芹菜籽油 10 克，王致和红方腐乳汁 30 克，白糖 15 克，料酒 20 克，酱油 10 克，精盐 5 克，清汤 500 克，葱段 10 克，姜片 10 克，调和油 20 克，水淀粉 10 克。

【调制方法】锅内放入调和油烧热，放入葱段、姜片略煸后，加入王致和红方腐乳汁炒出香味，再放入上述其他调味料略炒片刻后，放入水淀粉勾芡熟透后，淋入芹菜籽油，撒上芹菜末即成。

【适用范围】主要适用于热菜的调味，如“覃香腐乳烧鸭脯”等菜肴。

二十二、酱菜味型

【味型特点】酱味香醇，咸鲜适口，略带回甜。

【所用原料】鲜香菜段 20 克，宜宾碎米芽菜 30 克，葱末 20 克，姜末 20 克，白糖 10 克，料酒 10 克，味精 5 克，香醋 5 克，清汤 100 克，香油 15 克，调和油 30 克。

【调制方法】锅内放入调和油烧热，放入宜宾碎米芽菜、姜末略煸，再放入上述其他调味料炒制片刻，最后撒上鲜香菜段、葱末即成。

【适用范围】主要适用于热菜的调味，如“芹菜牛肉片”等菜肴。

二十三、香芹味型

【味型特点】沙茶香浓，咸鲜微辣，略带回甜。

【所用原料】法香碎 30 克，芹菜梗末 20 克，精盐 5 克，清汤 80 克。

【调制方法】将精盐、清汤与芹菜梗末调和均匀，撒上法香碎即成。

【适用范围】主要适用于凉菜的调味，如“沙茶拌腰片”等菜肴。

二十四、五香味型

【味型特点】五香清醇，咸鲜爽口，略带回甜。

【所用原料】卡夫奇妙酱 40 克，王守义十三香 5 克，熟白芝麻 10 克，味精 2 克，柠檬汁 5 克。

【调制方法】将上述调味料掺和在一起，顺向搅匀即成。

【适用范围】主要适用于凉菜的调味，如“五香腐竹”等菜肴。

二十五、甜辣味型

【味型特点】甜辣突出，咸鲜味厚。

【所用原料】油炸橄榄仁碎粒30克，香油10克，郫县豆瓣辣酱（剁碎）40克，酱油10克，料酒20克，葱段20克，姜片10克，蒜茸10克，陈皮末5克，胡椒粉1克，清汤600克，白糖30克，水淀粉20克，调和油30克。

【调制方法】锅内放入调和油烧热后，放入郫县豆瓣辣酱煸炒出红油，依次放入葱段、姜片、蒜茸、陈皮末煸炒出香味，再放入上述其他调味料烧沸，用水淀粉勾芡，淋入香油，撒上油炸橄榄仁碎粒即成。

【适用范围】主要适用于热菜的调味，如“甜辣鱼中段”等菜肴。

二十六、酒豉味型

【味型特点】酒味浓香，豉味浓厚，咸鲜适口。

【所用原料】高粱酒10克，豆豉茸30克，鲜蒜茸10克，鲜姜末5克，洋葱末20克，鲜红辣椒末10克，酱油10克，清汤30克，白糖10克，精盐3克，鸡粉5克，味精3克，胡椒粉1克，调和油50克，水淀粉10克。

【调制方法】锅内放入调和油烧热，放入洋葱末、鲜姜末、豆豉茸、鲜红辣椒末略煸，然后加入上述其他调味料烧沸，用水淀粉勾芡即成。

【适用范围】主要适用于热菜的调味，如“酒豉羊柳”等菜肴。

二十七、海鲜味型

【味型特点】鲜味醇厚，酒味浓郁，略有回甜。

【所用原料】红葡萄酒50克，蚝油30克，鲜贝露20克，美极鲜酱油20克，海鲜素10克，葱末10克，鲜蒜茸10克，姜末5克，鸡粉6克，味精5克。

【调制方法】将上述调味料调和在一起搅匀即成。

【适用范围】主要适用于热菜的调味，如“红酒蚝油鱼柳”等菜肴。

二十八、咸酸味型

【味型特点】咸酸适中，醇香浓郁。

【所用原料】柠檬汁10克，清汤500克，味精2克，精盐2克，鸡粉5克，香油5克，葱末10克。

【调制方法】将上述调味料掺和在一起搅匀即成。

【适用范围】主要适用于凉菜的调味，如“咸酸鱿鱼丝”等菜肴。

思考与练习

一、问答题

运用所学知识，简述我国各菜系的味型及特点。

二、实训题

练习咖喱味型的调制。

第五章

挂糊、上浆、勾芡基本功

学习目标

1. 认识挂糊、上浆、勾芡的重要作用
2. 了解糊、浆、芡的种类及特性
3. 掌握常用糊、浆、芡的调制方法及使用方法

在中式菜肴烹制过程中，烹饪原料特别是动物性原料受热后其内部组织会发生变化，导致营养物质和水分流失，使原料质地变老变韧，失去应有的鲜美滋味。因此，大部分动物性原料在烹调前都要做必要的挂糊、上浆处理，使其形成保护层，提高耐热性，减少水分和营养素的流失，同时在菜肴的色、香、味、形及装饰等方面发挥重要作用。另外，对于旺火速成的菜肴，由于调味料的呈味物质难以渗透到原料内部，因此在菜肴接近成熟时还要进行勾芡处理。在中式烹调技艺中，挂糊、上浆、勾芡均是基本功，它们对菜肴的色、香、味、形、质、营养诸方面都发挥着重要的作用。

第一节　概述

在菜肴烹制前，往往需要对原料进行糊浆（挂糊、上浆）处理，在菜肴烹制后期，还需要进行勾芡处理。原料经过挂糊、上浆、勾芡处理，可以改变质地，使菜肴达到酥脆、滑嫩或松软的要求。

一、挂糊、上浆、勾芡的概念

1. 挂糊

挂糊又称着衣，是根据菜肴的质量标准，在经过刀工处理的主配料表面，适当地挂上一层黏性的糊，经过加热，使制成的菜肴达到酥脆、松软效果的烹调方法。

2. 上浆

上浆又称抓浆、吃浆，是在经过刀工处理的主配料中，加入适当的调料和佐助原料，使主配料由表及里裹上一层薄薄的浆液，经过加热，使制成的菜肴达到滑嫩效果的烹调方法。

3. 勾芡

勾芡是根据菜肴成品的要求，在主配料接近成熟时，将调好的粉汁淋入锅内，以增加汤汁对主配料附着力的烹调方法。

4. 糊与浆的区别

糊与浆有许多相似之处，但也有明确的区别：

（1）挂糊用的是粉糊，上浆用的是粉浆或蛋清浆。

（2）挂糊要事先调制好粉糊，再裹于原料表面，糊液不能上劲；上浆是把淀粉以及其他用料直接加在原料上一起调拌均匀，使原料表面均匀裹上一层浆液，要求吃浆上劲。

（3）挂糊用的粉糊一般调制较稠，原料上挂的糊较厚；上浆用的粉浆一般较稀，原料上挂的浆较薄。

（4）挂糊适于炸、熘、煎、贴、烹等烹调方法，用油量较多，成品特点多为松、酥、脆；上浆适于滑炒、滑熘、煮、烩等烹调方法，用油量较少，成品特点多为软、嫩、滑。

二、挂糊、上浆、勾芡用料及其作用

挂糊、上浆、勾芡所用的原料虽然有所区别，但大都是由淀粉、鸡蛋、面粉、油脂、水等构成的，由于这些原料性质不同，在烹调菜肴过程中发挥的作用也不相同。水在挂糊、上浆、勾芡中作为溶剂出现，能够调节糊、浆、芡的浓度，为淀粉糊化提供水分，是调制糊、浆、芡不可缺少的原料之一。了解这方面的知识，对于正确掌握挂糊、上浆、勾芡基本功具有十分重要的意义。

1. 挂糊用料及其作用

挂糊用料是指用于挂糊的佐助原料及调料，主要有淀粉、面粉、鸡蛋、膨松剂、面包糠、油脂、发酵粉、米粉等。不同的挂糊用料具有不同的作用，制成糊加热后的成菜效果也有明显的不同。

（1）淀粉

淀粉在烹饪行业又称芡粉，是植物根、茎或果实的提取物，属于多糖类，一般为粉末状的干制品。根据其加工所用原料不同，分为豌豆粉、马铃薯粉、甘薯粉、木薯粉、绿豆粉、菱粉、玉米粉等。

1）豌豆粉又称豆粉，是用豌豆的种子加工而成的淀粉，色泽白，粉质细，手感滑腻，无异味，杂质少，黏性好，胀性大，为芡粉中的上品。

2）马铃薯粉即土豆粉，由马铃薯的块茎加工而成，色泽特白，有光泽，粉质细，黏性较大，胀性一般，为芡粉中的上品。

3）甘薯粉又称山芋粉、红薯粉，由山芋的块茎加工而成，色泽灰暗，杂质较多，胀性一般，且味道较差，为芡粉中的下品。

4）木薯粉又称生粉、树薯粉，由木薯的块茎加工而成，主要产于我国南方，是广东、福建等地常用的芡粉原料。其特点是粉质细腻，色泽雪白，黏性好，胀性极大，杂质少。木薯粉含有氢氰酸，不宜生食。

5）绿豆粉是用绿豆种子加工而成的淀粉，色泽洁白，粉质细腻，无异味，杂质少，黏性好，胀性大，为芡粉中的上品。

6）菱粉由菱角加工而成，是芡粉中质量最好的，呈粉末状，颜色洁白且有光泽，细腻而光滑，黏性大；但吸水性差，产量也很少。

以淀粉为主制成的糊易发生焦糊化反应，质感焦脆。淀粉与糊中的蛋白质等发生美拉德反应，自身发生焦糖化反应（这些反应都是在无水、高温下进行的），生成各类低分子物质，可使菜肴具有诱人的香气和色泽。

（2）面粉

面粉是常用的制糊原料之一，由于面筋的作用，其黏性较强。以面粉为主制成的糊，菜肴质感比较松软。面粉也是拍粉的主要原料，如挂蛋泡糊、拍粉拖蛋糊、拍粉拖蛋滚面包糠等都需要先蘸面粉；有些原料表面光滑，容易脱糊，一些在炸、蒸等烹调过程中容易散碎、脱糊的原料都需要拍面粉糊，如“山东酥肉”等。

（3）鸡蛋

鸡蛋是挂糊处理的重要原料之一，在菜肴烹调中应用广泛。根据菜肴质量要求，可选择使用蛋清、蛋黄或全蛋液。蛋清受热后蛋白质凝固，可形成一层薄膜，阻止原料中水分的浸出，使其保持良好的嫩度；蛋黄或全蛋液含脂肪多，油润阻水，可使菜肴成品的质感达到酥脆的效果。全蛋即蛋清和蛋黄调和在一起，另外加淀粉调和成糊浆，可用于滑熘、焦熘、煎等菜肴，也可用于拍粉拖蛋糊，适用于煎、炸等菜肴，可使菜肴色泽金黄，松脆或软嫩。

（4）膨松剂

膨松剂可分为化学膨松剂和生物膨松剂两大类。挂糊所用的膨松剂均为化学膨松剂，现在普遍使用的膨松剂是小苏打，如苏打糊、苏打浆等。

小苏打即碳酸氢钠，它在受热后能释放出二氧化碳，可使菜肴坯料在加热时体积膨大、糊层疏松。若将小苏打用于挂糊则可使制品表面积增大，使炸制菜肴的成品产生酥脆、松软的质感。

（5）面包糠

面包糠就是面包的碎屑，经挂糊后的原料再滚粘上面包糠，主要用于炸制类菜肴，因面包糠中的蛋白与糖类起羰氨反应，受热时易上色、增香，使菜肴色泽金红，口味酥香，表面酥松，质感良好。此外，根据成菜的需要，还可用馒头渣、芝麻、松子仁、核桃仁、瓜子仁、花生仁等来代替，如“芝麻鱼条”等。

（6）油脂

油脂可使糊起酥。在调糊时，由于油脂的加入，可使蛋白质、淀粉等成分微粒被油网所包围，形成以油膜为分界面的蛋白质或淀粉的分散体系。由于油脂的疏水性，加热后使糊的组织结构极其松散，使菜肴具有酥、脆、香的特点。

（7）发酵粉

发酵粉又称焙粉，由碳酸氢钠、钾明矾、烧明矾及淀粉等物质混合配制而成。发酵粉能降低酸性，还可充分提高膨松效力，是调制脆皮糊的一种原料，主要使菜肴表皮酥脆。

（8）米粉

米粉是以粳米、籼米、糯米为原料，经加工磨碎成粉的总称，是常用的制糊原料之一，可使制品有韧性而柔软。

2. 上浆用料及其作用

上浆用料是指用于上浆的佐助原料及调料，主要有精盐、淀粉、鸡蛋、水、油脂、小苏打、嫩肉粉、吉士粉等。

（1）精盐

精盐是原料上浆时的关键物质，适量加入精盐可使原料表面形成一层浓度较高的电解质溶液，将肌肉组织破损处（刀工处理所致）暴露的盐溶性蛋白质（主要是肌球蛋白）抽提出来，在原料周围形成一种黏性较大的蛋白质溶胶，同时可提高蛋白质的水化作用能力，以利于上浆。上浆的质量与精盐的用量有关：用量过少，对盐溶性蛋白质的溶解能力不够，对蛋白质水化作用能力的提高不大，表现为“没劲”；用量过多，则会在完整的肌细胞周围产生较高的渗透压，致使原料大量脱水，同时还会降低蛋白质的持水性，使原料组织紧缩、质地老硬（易使菜肴成品质感变得老韧）。所以，只有精盐用量适当，才能获得满意的上浆效果。

（2）淀粉

淀粉在水中受热后会发生糊化现象，形成一种均匀而稳定的糊状溶液。上浆后原料及周围的水分不是很多，加热时淀粉糊化则可在原料周围形成一层糊化淀粉的凝胶层，防止或减少原料中水分及营养成分的流失。淀粉能较充分地糊化，使浆液具有较好的黏性，并紧紧地裹在原料表面，达到上浆的要求。上浆后的原料一般采用中温油烹制，因浆液中含水量很大，所以淀粉在浆液中一般不易发生美拉德反应和焦糖化反应。

（3）鸡蛋

鸡蛋用于上浆时主要是蛋清在起作用。蛋清富含可溶性蛋白质，是一种蛋白质溶胶。受热时，蛋清易产生热变性并凝固，使其由溶胶变为凝胶，这有助于在上浆原料周围形成一层更完整、更牢固的保护层，阻止原料中水分散失，并使其保持良好的嫩度。蛋清一般同淀粉合用，制成蛋清浆，可使制品色泽洁白，质地松脆或软嫩、滑润；也可利用蛋清具有的起泡性，制成高丽糊来制作松炸类菜肴。鸡蛋的另一个作用是改变上浆后原料的色泽，使其呈白色或黄色。

（4）水

水有助于在原料周围形成浆液，分散可溶性物质和不溶性淀粉，使它们均匀粘于原料表层，增加原料的含水量，提高肉质原料的嫩度。浸润到淀粉颗粒中的水有助于浆的糊化。水还能调节浆液的浓度，如浆液过浓，滑油时原料易粘连，不易滑散，且导致原料外熟里生，造成夹生现象；如浆液过稀，又会使原料脱浆，达不到上浆的目的，影响菜肴的质感和感观。

（5）油脂

在浆液中加入油脂主要是利用油脂的润滑作用，使加工后的原料下入油锅（勺）滑油时不易粘连。同时，油脂也能起到一定的保水作用，增加原料的嫩度。

（6）小苏打、嫩肉粉、吉士粉

小苏打溶解于水，呈碱性，可改变上浆原料的 pH 值，使其偏离原料中蛋白质的等电点，增强蛋白质的吸水性和持水性，从而大大提高原料的嫩度。用小苏打上浆可使原料组织松软、滑嫩，但小苏打用量不可过多，否则有碱味且使蛋白质水解，影响菜肴质感。嫩肉粉（也称松肉粉）是一种酶制剂，其含有的木瓜蛋白酶可催化肌肉蛋白质的水解，从而促进原料软化和嫩度的提高。吉士粉是一种混合型调味佐助配粉，呈淡黄色，由奶粉、淀粉、香精、疏松剂、蛋黄物等混合而成，具有浓郁的奶香和果味，可使制品形成松脱的口感并定型，增加菜肴的黏滑性，增强金黄色泽。

3. 勾芡用料及其作用

勾芡用料是指用于勾芡的佐助原料，主要是淀粉和水。在温水中淀粉先膨胀，然后淀粉粒内部各层开始分离，接着破裂，出现胶粘现象，最后成为具有黏性的半透明凝胶或胶体溶液，这就是淀粉糊化。淀粉的糊化与加热温度有关，所以勾芡时的温度要适当。由于淀粉的种类不同，其糊化的温度也不同。

淀粉在勾芡过程中的作用主要是：

（1）淀粉在一定量的水中加热，吸收水分膨胀而糊化，使菜肴汤汁浓稠度增大，对菜肴具有改善质感、融合滋味、保持温度、突出菜肴风味和减少养分损失的重要作用。

（2）淀粉糊化后形成的糊具有较大的透明度，它黏附在菜肴表面，显得晶莹光洁、滑润透亮，起到了美化菜肴的作用。

油脂有助于提高芡汁的亮度。当芡汁淋入到锅中后，在加热状态下会吸水膨胀而糊化，形成一种溶胶，这种溶胶的光度较暗。如果在淀粉芡汁糊化的同时，向锅中的芡汁淋入适量明油，明油就会裹在芡汁中被一起糊化，这样芡汁的光亮程度会大大提高。但是，如果芡汁的糊化过程已经结束再淋入明油，由于明油在糊化体系以外，则芡汁亮度得不到提高。

思考与练习

简答题

1. 简述挂糊、上浆、勾芡的概念。
2. 简述鸡蛋在挂糊过程中的作用。
3. 简述淀粉在勾芡过程中的作用。

第二节 挂糊

挂糊是指根据菜肴的特点和要求，将原料用淀粉为主调制的黏性粉糊裹抹或将干粉状原料直接粘拍在原料表面的一种操作技术。经过挂糊的原料一般都要以油脂为传热介质进行热处理，加热后，可在原料表面形成脆、软、酥的质感。

一、糊的种类及调制

1. 水粉糊（干炸糊）

【原料构成】淀粉、冷水。

【调制方法】先用适量的冷水将淀粉澥开，再加入适量的冷水调制成较浓稠的糊状。

【用料比例】淀粉与冷水的用量为 2 ∶ 1。

【适用范围】适用于动物性原料，多为厚片、块或整形料，多用于炸、焦熘类菜肴，如“醋熘黄鱼”“糖醋里脊”“焦熘肉片”等。

【成品特点】外焦脆，里软嫩，色金黄。

2. 蛋清糊（蛋白糊、白汁糊）

【原料构成】蛋清、淀粉（或面粉）、冷水。

【调制方法】在打散的蛋清内加入干淀粉，搅拌均匀。

【用料比例】蛋清与淀粉（或面粉）的用量为 1 ∶ 1。

【适用范围】原料一般加工为条、块状，多用于炸、拔丝类菜肴，如“软炸里脊”“软炸鱼条”等。

【成品特点】质地软、柔、嫩，味香，呈洁白色或浅黄色。

3. 蛋黄糊

【原料构成】淀粉（或面粉）、蛋黄、冷水、猪油。

【调制方法】用淀粉（或面粉）、蛋黄加适量冷水、猪油调制而成。

【用料比例】淀粉（或面粉）与蛋黄、冷水、猪油的用量为 3 ∶ 2 ∶ 1 ∶ 1。

【适用范围】多用于炸、焦熘类菜肴，如“糖醋鱼片”等。

【成品特点】外酥脆，里软嫩，味香。

4. 全蛋糊

【原料构成】淀粉（或面粉）、蛋黄、蛋清。

【调制方法】打散全蛋液，加入淀粉（或面粉），搅拌均匀即可。

【用料比例】淀粉（或面粉）与全蛋液的用量为 1 ∶ 1。

【适用范围】适合中油温或高油温的烹调方法，多用于炸、炸熘类菜肴，如“炸鸡条”“糖醋鱼块”等。拔丝类和锅烧类菜肴也多用全蛋糊。

【成品特点】色泽金黄，质感酥脆。

5. 蛋泡糊（高丽糊）

【原料构成】干淀粉（或面粉）、蛋清。

【调制方法】用蛋抽子（或筷子）将蛋清抽打成泡沫状（插入一只筷子而不倒），然后加入干淀粉（或面粉）调和均匀即成。

【用料比例】干淀粉与蛋清的用量为 1 ∶ 2。

【适用范围】适用于鲜嫩、软嫩、柔软的原料，如鱼、虾、鸡、花卉、豆沙馅等，多用于松炸类菜肴，如“高丽鱼条”“雪衣大虾”等。

【成品特点】外香酥，内软嫩，色泽浅黄。

6. 发粉糊（发面糊、发酵糊）

【原料构成】面粉、冷水、发酵粉。

【调制方法】面粉中先加入少许冷水搅匀，再加适量冷水继续将粉糊澥开，然后放入发酵粉拌匀，静置 20 分钟即可。

【用料比例】面粉 350 克，冷水 450 克，发酵粉 15 克。

【适用范围】适用于质地不同的动植物性原料，以片、块、条为多，也适用于整形原料，多用于炸类菜肴，如“拔丝苹果”等。

【成品特点】涨发饱满，松而带香，色泽淡黄。

7. 脆皮糊

（1）使用老酵母制作脆皮糊的方法

【原料构成】面粉、淀粉、老酵母、油脂、精盐、食用碱面、水。

【调制方法】将老酵母用水澥开，放入面粉、淀粉和适量精盐搅拌均匀，静置 3 ~ 4 小时（视气候而定），使粉糊发酵，以粉糊中产生小气泡且带酸味为准。临用前 20 分钟放入碱面水（根据气候掌握放入碱面水的时间和数量）和油脂搅匀即可。

【用料比例】面粉 380 克，淀粉 60 克，老酵母 70 克，水 500 克，食用碱面 10 克，油脂 100 克，适量精盐。

【适用范围】适用于质地鲜嫩的动植物性原料，多为片、块、条等，多用于脆炸类菜肴，如“脆皮鱼条”等。

【成品特点】外松脆，内软嫩，色金黄。

（2）使用干酵母制作脆皮糊的方法

【原料构成】面粉、淀粉、干酵母、水、油脂。

【调制方法】将干酵母用少许水稀释后，再加入水、面粉、淀粉调成稀糊，静置 25 分钟左右进行发酵，待糊发起后加油脂调匀即可。

【用料比例】面粉 350 克，淀粉 150 克，干酵母 10 克，水 500 克，油脂 100 克。

【适用范围】多用于脆炸类菜肴，如“脆皮鲜奶”“脆皮明虾”等。

【成品特点】外松脆，内软嫩，色金黄。

8. 干粉糊

【原料构成】干面粉（或干淀粉）。

【调制方法】把原料用调味品腌渍后，用干粉粘满表面即可。

【用料比例】干粉用量以粘匀原料为准。

【适用范围】适用于质地鲜嫩的，剞成各种花纹的片、块、条等动物性原料，多用丁煎、炸、熘类菜肴，如“松鼠鳜鱼”“菊花青鱼”“葡萄鱼”等。

【成品特点】脆硬不缩，形状完整，香脆松软，色泽金黄。

9. 拍粉拖蛋糊

【原料构成】干面粉（或干淀粉）、鸡蛋。

【调制方法】原料经腌渍后，在干面粉（或干淀粉）中粘匀，再蘸匀蛋液即可。

【用料比例】以蘸匀原料表面为准。

【适用范围】适用于质地软嫩的动植物性原料，多为厚片、大块、条、段等，多用于煎、炸、贴类菜肴，如“锅贴鱼”“生煎鳜鱼片”等。

【成品特点】味鲜质嫩，色泽金黄，酥、脆、软、香。

10. 特殊的糊（粘挂）

【原料构成】干面粉（或干淀粉）、鸡蛋、面包糠。

【调制方法】原料经腌渍后，先在其表面粘满干面粉（或干淀粉），然后放入蛋液

中蘸匀，最后在原料表面再粘上面包糠。

【用料比例】原料 200 克，全蛋液 100 克，面粉或淀粉 20 克，面包糠 100 克。

【适用范围】适用于质地鲜嫩的动物性原料，多为厚片、大块、条、段等，多用于炸类菜肴，如“炸虾球”“炸鱼排”等。

【成品特点】外酥香，里鲜嫩。

二、挂糊操作要领

1. 灵活掌握各种糊的浓度

制糊时，要根据原料的质地、烹调的要求及主配料是否经过冷冻处理等因素决定糊的浓度。

（1）较嫩的原料所含水分较多、吸水力强，则糊以稀一些为宜。

（2）如果原料挂糊后立即进行烹调，则糊应稠一些，因为糊液过稀会导致原料不易吸收糊液中的水分，易造成脱糊。

（3）如果原料挂糊后不立即进行烹调，则糊应稀一些，因为待用期间原料会吸收糊中的一部分水分，并蒸发掉一部分水分，浓度就会恰到好处。

（4）冷冻的原料含水量较多，糊可稠一些；未经过冷冻的原料含水量少，糊可稀一些。

2. 恰当掌握各种糊的调制方法

制糊时，必须掌握“先慢后快、先轻后重”的原则。开始搅拌时，淀粉及调料还没有完全融合，水和淀粉（或面粉）尚未调和，浓度不够，黏性不足，所以应搅拌得慢一些、轻一些。一方面防止糊液溢出容器，另一方面避免糊液中夹有粉粒。如果糊液中有小粉粒，原料过油时粉粒就会爆裂脱落，造成脱糊现象。经过一段时间的搅拌后，糊液的浓度渐渐增大，黏性逐渐增强，此时可适当增大搅拌力量和搅拌速度，使其越搅越浓、越搅越黏，使糊内各种用料融为一体，便于与原料相黏合。但切忌使糊上劲。

3. 挂糊时要把原料全部包裹起来

原料挂糊时，要用糊把原料的表面全部包裹起来，不能留有空白点，否则在烹调时，油就会从没有糊的地方浸入原料，使这一部分质地变老、形状萎缩、色泽焦黄，影响菜肴的质量。

4. 根据原料的质地和菜肴的要求选用适当的糊液

要根据主配料的质地、形态，烹调方法及菜肴要求恰当地选用糊液。有些主配料含水量大，油脂成分多，就必须先拍粉后再拖蛋糊，这样烹调时就不易脱糊。对于讲究造型和刀工的菜肴，必须选用拍粉糊，否则就会使造型和刀纹达不到工艺要求。此外，还要根据菜肴的要求选用糊液：成品颜色为白色时，必须选用蛋清作为糊液的辅助原料，如蛋泡糊等；需要外脆里嫩或成品颜色为金黄、棕红、浅黄时，可使用全蛋液、蛋黄液作为糊液的辅助原料，如全蛋糊、拖蛋糊等。

5. 注意挂糊的时机

挂糊后的原料应迅速进行烹调，放置时间长了会“脱糊”而影响菜肴的质量。例如，挂糊后的动物性原料易浸出血水，影响糊的浓度和色泽；拍粉后干粉容易被原料中的水分浸湿，影响整个菜肴的质量。

思考与练习

一、问答题

1. 什么叫挂糊？

2. 糊有哪些种类？

3. 怎样调制脆皮糊？

4. 挂糊的操作关键是什么？

二、实训题

调制发粉糊。

第三节　上浆

上浆是按照菜肴的具体要求，将加工整理好的原料用淀粉、蛋液调拌均匀，根据需要还可加入绍酒、精盐或苏打粉等，使成菜达到软、嫩、滑的质感。上浆后的原料，放入中等油温的油锅中划开、划散，为下一步烹调打下基础。

上浆大多选用质嫩、易成熟的动物性原料，经刀工处理为丁、丝、条、片、粒等形状，烹调方法一般选用炒、滑、熘等。

一、浆的种类及调制

1. 水粉浆

【原料构成】淀粉、水、精盐、料酒、味精等。

【调制方法】将原料用调料（精盐、料酒、味精）腌渍入味，再用水和淀粉调匀，浆的浓度以裹住原料为宜。

【用料比例】原料 500 克，淀粉 50 克，精盐、料酒、味精、水适量。

【适用范围】适用于肉片、鸡丁、腰子、肝、肚等动物性原料的浆制，多用于炒、爆、熘、氽等烹调方法制作的菜肴，如“爆腰花”“炒肉片”等。

【成品特点】质地滑嫩。

2. 蛋清浆

【原料构成】蛋清、淀粉、精盐、料酒、味精等。

【调制方法】有两种方法：一种方法是先将主配料用调料（精盐、料酒、味精）腌渍入味，然后加入蛋清、淀粉拌匀即可；另一种方法是用蛋清加湿淀粉调成浆，再把用调料腌渍后的主配料放入蛋清粉浆中拌匀即可。上述两种方法均可在上浆后加入适量的冷油，以便于主配料划散。

【用料比例】原料 500 克，蛋清 100 克，淀粉 50 克，精盐、料酒、味精适量。

【适用范围】多用于爆、炒、熘等烹调方法制作的菜肴，如“清炒虾仁”“滑熘鱼片”“芫爆里脊丝”等。

【成品特点】柔滑软嫩，色泽洁白。

3. 全蛋浆

【原料构成】全蛋液、淀粉、精盐、料酒、味精等。

【调制方法】制作方法基本上与蛋清浆相同。调制浆液时应注意两点：一是全蛋浆需要更加充分地调和，以保证各种用料相互溶解为一体；二是用全蛋浆浆制质地较老韧的原料时，宜加入适量的泡打粉或小苏打，以使主配料经滑油后松软而嫩。

【用料比例】与蛋清浆基本相同。

【适用范围】多用于炒、爆、熘等烹调方法制作的菜肴及烹调后带色的菜肴，如“辣子肉丁”“酱爆鸡丁”等。

【成品特点】质地柔滑软嫩，微带黄色。

4. 蛋黄浆

蛋黄浆的调制与蛋清浆和全蛋浆基本相同。

5. 苏打浆

【原料构成】蛋清、淀粉、小苏打、水、精盐等。

【调制方法】先将原料用小苏打、精盐、水等腌渍片刻，然后加入蛋清、淀粉拌匀，浆好后静置一段时间即可使用。

【用料比例】原料 500 克，蛋清 50 克，淀粉 50 克，小苏打 3 克，精盐 2 克，水适量。

【适用范围】适用于质地较老、肌纤维含量较多、韧性较强的原料，如牛肉、羊肉等，多用于炒、爆、熘等烹调方法制作的菜肴，如“蚝油牛肉”“铁板牛肉”等。

【成品特点】鲜嫩滑润。

二、上浆操作要领

1. 灵活掌握各种浆的浓度

上浆时，要根据原料的质地、烹调的要求及主配料是否经过冷冻等因素决定浆的浓度。较嫩的原料含水量较多，吸水力较弱，因此浆中的水分应适当减少，浆可稠一些；较老的原料含水量较少，吸水力较强，因此浆中的水分应适当增加，浆可稀一些。经过冷冻的原料含水量较多，浆应当稠一些；未经冷冻的原料含水量相对较少，浆应当稀一些。上浆后立即烹调的原料，浆也应适当稠一些。

2. 恰当掌握好上浆的环节

上浆一般包括三个环节：一是腌渍入味，一般在原料中加少许精盐、料酒等调料腌渍片刻，浸透入味；腥味较大的原料，可酌加料酒用量，除入味外，还可清除其腥味；对老韧的原料（如牛肉），除加精盐、料酒外，还要另加适量的水和小苏打，这样不仅能入味，还可使肉质多吸收水分变嫩。二是用鸡蛋液拌匀，即将鸡蛋液调散（但不能抽打成泡）后加入原料中，将蛋液与原料拌匀。三是调制的水淀粉必须均匀，不能存有渣粒，否则滑油时易造成脱浆现象；浆液对原料的包裹必须均匀，不能留有空隙，否则加热时会浸入热油，使这一部分质地变老、色泽变暗，影响菜肴的质量。

3. 必须达到吃浆上劲

上浆的目的是使原料由表及里均匀裹上一层薄薄的浆液，以便其受热时形成完整的保护层，从而使菜肴达到柔软滑嫩的效果。在上浆操作中，常采用搅、抓、拌等方式，无论采用哪一种方式，都必须抓匀抓透。一方面使浆液充分渗透到原料组织中去，达到吃浆的目的；另一方面充分提高浆液黏度，使之牢牢粘于原料表层，达到上劲的目的，最终使浆液与原料内外融合。但对于细嫩的原料，如鸡丝、鱼片等，上浆时抓拌要轻、用力要小，既要充分吃浆上劲，又要防止断丝、破碎等情况的发生。

4. 根据原料的质地和菜肴的色泽选用适当的浆液

要选用与原料质地相适应的浆液，如牛肉、羊肉中含结缔组织较多，上浆时宜用苏打浆或加入嫩肉粉，这样可取得良好的嫩化效果。另外，菜肴的色泽要求不同，也要选用与之相适应的浆液。成品颜色为白色时，必须选用鸡蛋清为浆液的用料，如蛋清浆。成品颜色为金黄、浅黄、棕红色时，可选用全蛋液、鸡蛋黄为浆液的用料，如全蛋浆、蛋黄浆。

5. 注意调味程度

上浆时要对原料进行基本调味，并注意调味的程度，以使原料有一个基础味。在用嫩肉粉时，千万不可超量使用，否则会造成原料上浆失败。

思考与练习

一、问答题

1. 什么叫上浆?

2. 浆有哪些种类?

3. 上浆操作的关键是什么?

二、实训题

练习苏打浆的调制。

第四节　勾芡

勾芡又称“上芡”“挂芡”，是在菜肴接近成熟时，将调好的芡汁淋入锅内，使汤汁稠浓，增加汤汁对原料附着力的一项技术。勾芡是调制菜肴芡汁的重要工序，是烹调工艺的延续和补充。它不仅直接影响菜肴的口味，还影响着菜肴的色泽、质地、形状等方面，是烹调中一项重要的工艺。

一、勾芡的分类及应用

1. 按芡汁的调制方法分类

按芡汁调制方法可分为兑汁芡和水粉芡。

（1）兑汁芡

兑汁芡是在烹调前用淀粉、鲜汤（或清水）及相关调料勾兑在一起的粉汁，待原料接近成熟时将其调匀倒入锅中。兑汁芡使得烹制过程中的调味和勾芡可同时进行，常用于旺火速成的爆、炒、熘类菜肴的制作。它不仅满足了快速操作的要求，同时也可事先尝准滋味，便于把握菜肴味型。

（2）水粉芡

水粉芡即用干淀粉和水调匀的粉汁，与兑汁芡的区别就是不加任何调料。水粉芡兑制比较简单，关键是要搅拌均匀，不能使粉汁带有小的颗粒和杂质。水粉芡多用于烧、扒、烩、焖等烹调方法，因为这些烹调方法加热时间较长，可在加热过程中逐一投入调料，并在原料接近成熟时淋入水粉芡。

2. 按芡汁的色泽分类

按芡汁的色泽可分为红芡和白芡。红芡是在芡汁中加入一些有色的调料，如酱油、番茄酱等；白芡是芡汁中不加入有色调料，而以精盐、味精等为主。

3. 按芡汁的浓度分类

按芡汁的浓度可分为厚芡和薄芡。

（1）厚芡

厚芡的芡汁较稠，菜肴勾厚芡后，成品中的汤汁浓稠或汤汁较紧。按浓度的不同，厚芡又可分为利芡和熘芡两种。

1）利芡。利芡又称油爆芡、抱芡、包芡，芡汁的数量最少，浓度最大，主要适用于油爆类菜肴，如“油爆双脆”“宫保鸡丁”等。兑制比例：淀粉与水（或汤汁）为1∶5。成品芡汁黏稠，能够互相粘连，盛入盘中可堆成形体而不滑散，食后盘内见油不见芡汁。

2）熘芡。熘芡也称糊芡，浓度比薄芡略大，主要适用于熘、烩类菜肴，如“糖醋鱼”“焦熘肉片”“烩乌鱼蛋”等。兑制比例：淀粉与水（或汤汁）为1∶7。熘芡用于熘菜，成品盛入盘中有少量的卤汁滑入盘中；用于烩菜，可使汤菜融合，口味浓厚。

（2）薄芡

薄芡的芡汁较稀，按其浓度不同又可分为玻璃芡和米汤芡两种。

1）玻璃芡。玻璃芡的芡汁数量较多，浓度较小，能够流动，因此也称流芡，适用于扒、烧、熘类菜肴，如“白扒鱼肚”等。兑制比例：淀粉与水（或汤汁）为1∶10。成品菜肴盛入盘中，要求一部分芡汁粘在菜肴上，一部分流到菜肴的边缘。

2）米汤芡。米汤芡是芡汁中最稀的一种，浓度最小，似米汤的稀稠度，主要作用是使多汤的菜肴及汤水变得稍稠一些，以便突出原料，口味较浓厚，如“酸辣汤”等。兑制比例：淀粉与水（或汤汁）为1∶20。

二、勾芡的方法

常用的勾芡方法有翻拌法、淋推法和泼浇法。

1. 翻拌法

（1）作用

使芡汁全部包裹在原料上。

（2）适用范围

适用于爆、炒、熘等烹调方法，多用于需旺火速成、要勾厚芡的菜肴。

（3）方法

1）在原料接近成熟时放入芡汁，然后连续翻锅或拌炒，使芡汁均匀地裹在原料上。

2）将调料、汤汁、芡汁加热，至芡汁成熟变稠时，再将已过油的原料投入，连续翻锅或拌炒，使芡汁均匀地裹在原料上。

3）先将调料、汤汁、芡汁兑成调味汁，待过油成熟的原料沥油回锅后，随即把调味汁泼入，立即翻拌，使芡汁成熟且均匀地裹在原料上。

2. 淋推法

（1）作用

使汤汁稠浓，促进汤菜融合。

（2）适用范围

多用于煮、烧、烩等烹调方法制作的菜肴。

（3）方法

1）在原料接近成熟时，一手持锅缓缓晃动，一手持手勺将芡汁均匀淋入，边淋边晃，直至汤菜融合为止。常用于整个、整形或易碎的菜肴。

2）在原料接近成熟时，不晃动锅，而是一边淋入芡汁、一边用手勺轻轻推动，使汤菜融合。多用于数量多、原料不易破碎的菜肴。

3. 泼浇法

（1）作用

使菜肴汤汁稠浓，增加菜肴的口味和色泽。

（2）适用范围

多用于熘、扒等烹调方法制作的菜肴，对于那些体积大、不易在锅中颠翻、要求造型美观的菜肴较适合用这种方法。

（3）方法

将成熟的芡汁均匀地泼浇在原料上即可。

三、勾芡的操作要领

1. 准确把握勾芡时机

勾芡必须在原料即将成熟时进行，过早或过迟都会影响菜肴质量。若原料未成熟时就勾芡，芡汁在锅内停留时间必然延长，这样容易造成芡汁粘锅、焦煳等现象；若原料过熟时勾芡，因芡汁要有个受热成熟的过程，所以要延长烹制的时间，致使达不到菜肴的质量要求。此外，勾芡必须在汤汁沸腾后进行，否则淀粉不易糊化，芡汁不黏不稠，起不到勾芡的作用。

2. 严格控制汤汁数量

勾芡必须在菜肴汤汁适量时进行。任何需要勾芡的菜肴，对汤汁多少都有一定的要求，如爆、炒类菜肴要求汤汁很少，烧、扒、烩类菜肴要求汤汁必须适量等，汤汁过多或过少时勾芡都难以达到菜肴的质量要求。所以发现锅中汤汁太多时，应用旺火加热收汁或舀出一些汤汁；汤汁过少时则需添加一些。但添加汤汁时，要从锅边淋入，不能直接浇在原料上，否则会造成颜色不匀、浓淡失调等现象。

3. 勾芡须先调准色、味

勾芡的粉汁分为水粉芡和兑汁芡两种。使用水粉芡必须待锅中原料的颜色、口味确定后再进行勾芡。使用兑汁芡应在盛具中调准颜色、口味后才能倒入锅中勾芡。如果勾芡后再调色、味，芡粉会变黏变稠，一方面调料很难均匀分散，另一方面调料不易浸入原料内，难以被菜肴吸收，进而影响菜肴成品的质量。

4. 芡汁浓度要适当

勾芡必须根据菜肴的芡汁要求、汤汁多少和淀粉的吸水性能，决定芡汁的浓度大小和投量多少，使菜肴的芡汁恰如其分。如果芡汁太稠，容易出现粉疙瘩，使菜肴不清爽；芡汁太稀，则会使菜肴的汁液增多，影响菜肴的成熟速度和质量。

5. 恰当掌握菜肴油量

菜肴中如果油量过多，淀粉不易吸水膨胀、产生黏性，汤菜不易融合，芡汁无法包裹在原料的表面，所以勾芡必须在菜肴油量恰当的情况下进行。如果在勾芡前发现油量过多时，应用手勺先将油撇去一些才能勾芡。如果有些菜肴需要油汁时，可在勾芡后加入明油。

6. 灵活运用勾芡技术

勾芡虽然是改善菜肴口味、色泽、形态的重要手段，但并非每道菜肴都必须勾芡，而应根据菜肴的特点和要求灵活运用。有些菜肴根本不需要勾芡，如果勾了芡，反而降低了菜肴的质量。例如，要求口感清爽的菜肴（如“清炒豌豆苗”等），勾芡后便失去了清新爽口的特点；原料质地脆嫩、调味汁液易渗透入内的菜肴（如干烧、干煸类菜肴），勾芡后反而影响这些菜肴的质感；原料胶质多、汤汁已自然稠浓的菜肴也不需要勾芡，如“红烧蹄髈”等；已加入黏性调料（如黄酱、甜面酱等）的菜肴也不需要勾芡，如“回锅肉”“酱爆鸡丁”等；各种冷菜要求清爽脆嫩、干香不腻，如果勾了芡反而会影响菜肴的质量。

四、影响勾芡的因素

勾芡的本质是使淀粉糊化，利用糊化淀粉的黏度和透明性来达到改善菜肴质量的目的。因此，影响糊化淀粉性质的种种因素必然会影响勾芡操作。影响勾芡的因素主要有以下几种：

1. 淀粉种类

不同品质的淀粉在糊化温度、膨胀度及糊化后的黏度、透明性等方面均有一定的差异。成品淀粉一般按植物生长在地上或地下分为地上淀粉和地下淀粉。从糊化淀粉的黏度来看，一般地下淀粉（如马铃薯粉、甘薯粉、藕粉、荸荠粉等）比地上淀粉（如玉米淀粉、高粱淀粉等）高。持续加热时，地下淀粉糊化后黏度下降的幅度比地上淀粉大。从糊化淀粉的透明性来看，地下淀粉比地上淀粉要高得多。透明性与糊化前淀粉粒的大小有关，粉粒越小的淀粉，其糊化后的透明性越好。因此，勾芡操作前须对淀粉的种类、性能有所了解，做到心中有数，才能万无一失。

2. 加热时间

每一种淀粉都相应有一定的糊化温度，达到糊化温度并加热一定的时间后淀粉才能完全糊化。一般加热温度越高，糊化速度越快。所以勾芡在菜肴汤汁沸腾后进行较好，这样能够在较短的时间内使淀粉完全糊化，完成勾芡操作。在淀粉糊化过程中，菜肴汤汁的黏度逐渐增大，完全糊化时最大；之后，随着加热时间延长，其黏度会有所下降。不同品质的淀粉，其糊化黏度下降的幅度有所不同。

3. 淀粉浓度

淀粉浓度是决定芡汁稀稠的重要因素。浓度大，芡汁中淀粉分子之间的相互作用就强，芡汁黏度就较大。浓度小，芡汁黏度就小。实践中人们就是用改变淀粉浓度来调整芡汁稀稠的。包芡、玻璃芡、熘芡、米汤芡等的区别，也有淀粉浓度的作用。

淀粉浓度还是影响芡汁透明性的因素之一。对于同一种淀粉而言，浓度越大，透明性越差；浓度越小，透明性越好。

4. 有关调料

勾芡时淀粉往往与调料融合在一起，如精盐、食糖、食醋、味精等。很多调料对芡汁的黏度有一定影响，不同品质的淀粉受影响的程度也有所不同。例如，精盐可使马铃薯淀粉糊的黏度减小，但会使小麦淀粉糊的黏度增大；食糖可使这两种淀粉的糊化液黏度增大，但影响情况又有一定区别。如食糖超过 5%，小麦淀粉糊黏度急增；食醋可使这两种淀粉的糊化液黏度减小，对马铃薯淀粉的影响更甚；味精可使马铃薯淀粉糊的黏度减小，但对小麦淀粉糊几乎没有影响。一般而言，随着调料用量的增大，影响的程度也会随之加剧。因此，勾芡时应根据调料的种类和用量来适当调整淀粉浓度，以满足菜肴的芡汁要求。

思考与练习

一、问答题

1. 什么叫勾芡?

2. 勾芡有哪些种类?

3. 勾芡的操作关键是什么?

4. 勾芡的作用是什么?

二、实训题

练习泼浇法勾芡。

第六章

火候基本功

学习目标

1. 认识火候的重要作用
2. 了解火力的分类
3. 能正确识别火力、正确判定油温
4. 掌握火候的一般要求

我国烹饪历来重视火候的运用。早在两千年前，《吕氏春秋 · 本味篇》就有这样的记载：“五味三材，九沸九变，火之为纪。时疾时徐，灭腥去臊除膻，必以其胜，无失其理。”意思是：依靠酸、甜、苦、辣、咸这五味和水、木、火这三材进行烹调，鼎中多次沸腾、多次变化，是依靠火来控制调节的，时而武火，时而文火，消减腥味，去掉臊味，除去膻味，关键在于掌握火候，切记不要违背用火规律。清朝的袁枚在《随园食单》中也强调“熟物之法，最重火候”。纵观古今，都是“火之为纪”，因此，火候的掌握是决定菜肴质量的关键。

第一节　火力与火候

中国烹调技艺以讲究火候而闻名于世。火候的运用关系到菜肴的质量，是烹调技艺中的关键。

一、火力的概念

火力是指各种能源经物理或化学变化转变为热能的程度。简单地说，火力是指燃料燃烧时的力度，一般用温度来表示，烹调中使用的火力最高温度是 300 ℃。中式烹调多用明火，其火力大小强弱，除受气候冷暖和炉灶结构等因素影响外，主要取决于燃料的种类、质量、数量以及空气的供应情况。燃料燃烧过程属化学变化范畴，空气供应充足，燃料就能充分燃烧，可释放出最大热量；反之所释放的热量就小。

制作菜肴的原料多种多样，质地也各不相同，有的质地老韧，有的质地脆嫩，菜肴的组成也各不相同，所以在加热时应采用不同的火力，使烹调出的菜肴各具特色。

二、火力的分类

火力的大小很难具体划分。一般情况，根据温度的高低分类是比较科学合理的。但是，菜肴在烹制过程中，温度不是恒定的，操作者也不可能不停地用温度计去测量。因此，行业中习惯将炉灶在燃烧时表现的形式，如火焰的高低、色泽、明暗及热辐射的强弱等作为依据来鉴别火力的大小。根据火焰的直观特征，可将火力分为旺火、中火、小火、微火四种情况，它们的特点见表 6–1。

表 6-1　　火力鉴别表

名称	特点	适用烹调方法	图示
旺火（又称武火、急火、猛火）	火焰高而稳定，火光耀眼明亮，呈黄白色，辐射强，热气逼人	适用于炸、炒、爆等烹调方法	
中火（又称文武火）	火焰呈红色，高度较旺火低，且常会发生摇晃，火暗，辐射较强	适用于烧、煮、烩、扒、煎、贴等烹调方法	
小火（又称文火）	火焰细小，呈青绿色，且时有起落	适用于煨、炖、焖等烹调方法	
微火（又称慢火）	火焰很小，呈蓝紫色，有很弱的热气	适用于炖、焖、煨、熬汤等烹调方法，也用于保温	

三、火候的概念

所谓火候是指烹制过程中，烹饪原料加工或制成菜肴，所需热源温度的高低、时间的长短和热源火力的大小。

大量的烹饪实践已经证明：烹饪原料由生至熟是热源释放热量或能量，将热量或能量以传热介质作载体直接传递给烹饪原料，是烹饪原料吸收热量或能量发生一系列的理化变化所致。

烹饪原料在烹调过程中，根据成菜的质量要求及烹饪原料的性质、形状、数量等因素，运用不同的传热介质，通过一定的加热方式，在一定的时间内传递给烹饪原料一定的热量，使之发生一定的理化变化进而使菜肴在色、香、味、形、质和营养等方面达到要求，最后制成菜肴成品。

四、火候的要素及影响火候的因素

热源的火力、传热介质的温度和加热时间是构成火候的三个要素。在火候的运用中，三个要素总是相互作用、协调配合的，改变其中任何一个要素，都会对火候的功效带来较大的影响，因此了解影响火候的因素对掌握和运用火候是十分必要的。影响火候的因素主要有烹饪原料性状、传热介质用量、烹饪原料投料数量、季节变化等。

1. 烹饪原料性状对火候的影响

烹饪原料的性状是指烹饪原料的性质和形状。烹饪原料的性质包括原料软硬度、疏密度(俗称烹饪原料的老嫩)、成熟度、新鲜度等。不同的烹饪原料，由于化学成分、组织结构等的异同，会造成烹饪原料性质上的差异。相同的烹饪原料由于生长、养殖(或种植)、收获季节、储藏期限等的不同，也会造成烹饪原料性质的差异。其性质上的差异必然会导致烹饪原料在导热性和耐热性上的不同。因此，在满足成菜质量标准的前提下，必须依据烹饪原料的性质来选择火候的要素。一般在成菜制品要求和烹饪原料性质一定时，形体大而厚的烹饪原料在加热时所需的热量较多，反之所需热量较少，所以在制作菜肴时也应根据原料形状的特点来调节火候。

2. 传热介质用量对火候的影响

传热介质用量与传热介质的热容量有关，从而对传热介质温度产生一定的影响。种类一定的传热介质，用量较多时，要使其达到一定温度就必须从热源获取较多的热量，即传热介质的热容量较大，少量的烹饪原料从中吸取热量不会引起温度大幅度的变化。当传热介质的热容量较小时，温度会随着烹饪原料的投入而急剧下降，要维持一定的烹制温度，就必须适当增大热源火力。可见，传热介质用量的多少会影响温度的稳定性。

3. 烹饪原料投料数量对火候的影响

烹饪原料的投料数量也是影响传热介质温度的重要因素。一定的烹饪原料要制作成菜肴，需要在一定的温度下用适当的时间进行加热，烹饪原料投入后会从传热介质中吸取热量，因而导致传热介质温度降低。要保持一定的温度，就必须有足够人的热源火力相配合，否则温度下降时，只有通过延长加热时间来使烹饪原料成熟。因此，烹饪原料投料数量的多少，对传热介质的温度有影响。投料数量越多，影响就越大，反之就越小。

4. 季节变化对火候的影响

一年四季中，冬季和夏季温度差别较大，环境温度一般有几十摄氏度的差异，这必然会影响菜肴烹制时的火候。冬季气温较低，热源释放的热量中有效能量会有所减少。而夏季气温较高，热源释放的和传热介质载运的热量较之冬季损耗要少得多。在冬季应适当增强热源火力、提高传热介质温度或延长加热时间，在夏季则需要适当减弱热源火力、降低传热介质温度或缩短加热时间。故在制作菜肴时，应考虑季节变化对火候的影响。

五、掌握火候的方法及一般原则

所谓掌握火候，就是根据不同的烹调方法和烹饪原料成熟状态对总热容量的要求，调节控制好加热温度和加热时间，使其达到最佳状态。由于烹饪原料种类繁多、形状各异，加热方法多种多样，要使菜肴达到烹调的要求，就必须在实践中不断总结经验，掌握其规律，这样才能正确地掌握和运用火候。

1. 掌握火候的方法

烹制菜肴过程中的火候千变万化，根据烹制过程中传热介质的不同和烹饪原料受热后的变化，恰当地掌握调味、勾芡以及出锅的时机，是掌握火候的基本方法。

（1）通过烹制菜肴过程中油温的变化来判定火候

判断炒锅内油温的高低，可以油面的状态和烹饪原料入油后的反应为依据。行业中把油温分为低油温、中油温和高油温三个油温段。实际操作中一般靠目测的方法来判断油温，把油温按“成”来划分，即：

三四成热：油温在 90 ~ 120 ℃，直观特征为油面无青烟，油面平静，浸滑原料时，原料周围无明显气泡生成。

四五成热：油温在 120 ~ 150 ℃，直观特征为油面无青烟，油面基本平静，浸滑原料时，原料周围渐渐出现气泡。

五六成热：油温在 150 ~ 180 ℃，直观特征为油面有青烟生成，油从四周向中间徐徐翻动，浸炸原料时，原料周围出现少量气泡。

六七成热：油温在 180 ~ 210 ℃，直观特征为油面有青烟缓缓升起，油从四周向中间翻动，浸炸原料时，原料周围出现大量气泡，有连续的哗哗声。

七八成热：油温在210 ~ 240 ℃，直观特征为油面青烟四起，油从中间往上翻动，用手勺搅动时有响声，浸炸原料时，原料周围出现大量气泡翻滚并伴有爆裂声。

其中，三四成热是低油温，五六成热是中油温，七八成热是高油温。

（2）通过烹饪原料成熟度的鉴别来掌握火候

火候可通过炒锅中烹饪原料的变化反映出来，如动物性原料是根据其血红素的变化来确定火候的，油温在 60 ℃以下时肉色几乎无变化，油温在 65 ~ 75 ℃时肉呈现粉红色，油温在 75 ℃以上时肉色完全变成灰白色。如猪肉丝入锅烹调后变成灰白色，则可判定其基本断生。

（3）运用翻锅技巧掌握火候

熟练地运用翻锅技巧对于掌握火候也是很重要的，根据菜肴在炒锅中的变化情况来判断，到了翻锅的时机就须及时翻锅，这样才能使烹饪原料受热均匀，使调料均匀入味，使芡汁在菜肴中均匀分布。若出锅不及时则会造成菜肴过火或失饪。

2. 掌握火候的一般原则

在烹制菜肴的过程中，人们根据烹饪原料的性状差异、菜肴制品的不同要求、传热介质的不同、投料数量的多少、烹调方法的不同等可变因素，结合烹调实践总结出以下掌握火候的一般原则：

（1）质老形大的烹饪原料需用小火、长时间加热。

（2）质嫩形小的烹饪原料需用旺火、短时间加热。

（3）成菜质感要求脆嫩的需用旺火、短时间加热。

（4）成菜质感要求软烂的需用小火、长时间加热。

（5）以水为传热介质，成菜要求软嫩、脆嫩的需用旺火、短时间加热。

（6）以水蒸气为传热介质，成菜质感要求鲜嫩的需用旺火、短时间加热；而成菜质感要求软烂的，则需用中火、长时间加热。

（7）采用炒、爆烹调方法制作的菜肴，需用旺火、短时间加热（旺火速成、急火快炒）。

（8）采用炸、熘烹调方法制作的菜肴，需用旺火、短时间加热。

（9）采用炖、焖、煨烹调方法制作的菜肴，需用小火、长时间加热。

（10）采用煎、贴烹调方法制作的菜肴，需用中、小火，加热时间略长。

（11）采用氽、烩烹调方法制作的菜肴，需用旺火或中火、短时间加热。

（12）采用烧、煮烹调方法制作的菜肴，需用中火或小火、长时间加热。

综上所述，火候的掌握应以菜肴成菜的质量要求为准，以烹饪原料的性状特点为依据，还应根据实际情况随机应变、灵活运用。

第二节　烹制时的热源和传热

烹制的主要目的是通过热能的作用，使烹饪原料由生变熟。热能的产生及利用又离不开热源、炉灶和炊具。因此，了解烹制时所用热源种类、传热方式和传热介质等知识，对于学习和掌握烹制技艺具有一定的指导作用。

一、烹制时的热源

热源就是热能的来源，通常指能够燃烧并发出热量的物体，也包括一些可以转变为热能的其他物体。烹制中的热源是指能够为烹调提供所需热量的装置。理想的热源是确保菜肴质量的重要因素。

1. 热源应具备的条件

（1）热量充足。热源能够按不同的烹调方法，达到它们所要求的火力或温度，以确保成菜质量。

（2）便于调节。热源能够按烹调不同阶段所需的火力进行调节，这就要求热源有能量调节装置，以便于调节火力的大小。

（3）使用便利。烹饪是一项综合技能要求比较高、工艺过程比较复杂的工作，使用方便的热源会提高工作效率、降低劳动强度。

（4）无污染。厨房卫生条件的优劣直接关系到菜肴的质量及操作者和食用者的身体健康，因此卫生、无污染是对热源的一个基本要求。

（5）使用安全。热源的使用要安全可靠，以确保操作人员的安全。

（6）节省能源。能源是人类生存的条件，是人们共同关心的话题，因此使用烹调热源时应力求节能。

2. 热源的种类

（1）固态热源。在常温、常压下以固体状态存在的燃料，如煤、木材、柴草等。

（2）液态热源。在常温、常压下以液体状态存在的燃料，如柴油、酒精等。

（3）气态热源。在常温、常压下以气体状态存在的燃料，如液化石油气、沼气、煤气等。

（4）能态热源。在一定条件下能够转变为热能的其他能量，烹制中以电能最为常见。

二、烹制时的传热方式

烹调过程中大都采用传热能力强、保温性能优良的厨具，目的是更好地进行热传递，把热能通过厨具传给传热媒介或直接传给被烹原料，使其成熟。一般来说有三种基本传热方式，即热传导、热对流和热辐射。热传导、热对流均需借助于传热介质实现，而热辐射则是无介质传热。

1. 热传导

热传导是由于大量分子、原子或电子的相互撞击，使热量从物体温度较高部分传至温度较低部分的传热方式，是固体和液体传热的主要方式，如盐焗、泥烤、竹筒烤等烹调方法就是利用热传导来传热。

2. 热对流

热对流是以液体或气体的流动来传递热量的传热方式，液体或气体在循环流动中，将热量传给烹饪原料，如蒸、炸、煮等烹调方法就是利用热对流来传热。

3. 热辐射

热辐射不需要传热介质，是从热源沿直线直接将热量向四周发散出去，使周围物体受热。

热辐射的方式主要是电磁波。电磁波是辐射能的载体，被烹饪原料吸收时，所运载的能量便会转变为热能，对烹饪原料进行加热并使之成熟。根据波长的不同，电磁波可分为很多种，在烹制传热中专门运用的主要是直接致热的远红外线热辐射和间接致热的微波辐射。

远红外线不仅载有辐射热能，还具有较强的穿透能力，能深入烹饪原料内部，从而不仅使烹饪原料表面被加热，而且能使烹饪原料内部分子吸收能量后发生物理变化，因此远红外线加热具有热效率高、加热速度快的特点。

微波是一种频率较高的电磁波，它所运载的能量人体感觉不到，它不属于热辐射射线，因此不能对烹饪原料表面直接加热。微波加热的原理是利用较强的穿透力深入到烹饪原料内部，并利用其电磁场的快速交替变化，引起烹饪原料中水及其他极性分子的振动，使振动的分子相互摩擦碰撞而产生热量，进而达到加热的目的。微波加热的特点是表里同时发热，不需要热传导，具有加热迅速、均匀，无热损失，热效率高等优点，基本保证原料原有的色、香、味，且营养不受损失。但其表面不香脆、不易上色，与烘烤效果相比略有不同，若与油炸、烘烤等烹调方法相配合，将相得益彰。

三、烹制时的传热介质

传热介质又称传热媒介，简称热媒，它是烹制过程中将热量传递给原料的物质。在烹制过程中，常使用的传热介质有水、油、气、固体和电磁波（这里把电磁波也当成传热介质）。

1. 以水为传热介质

水是烹调加工中最常用的传热介质，主要以热对流的方式传热。通过热对流把热量传递到烹饪原料表面，再由原料表面传输到原料内部，原料在一定的时间内吸收一定的热量，才能完成由生变熟的转化。根据传热介质（水、汤汁）向原料供热的情况，烹调中水传热方式又分为持续供热水传热、短暂供热水传热和一次供热水传热三种方式。以水为传热介质具有以下特点：

（1）沸点低、导热性能好

常压下水的沸点为 100 ℃，有杀菌消毒作用。沸水呈不剧烈沸腾时，将热量传递给烹饪原料的能力最强，热交换多，且由于导热性能好，便于形成均匀的温度场，使原料受热均匀，易使菜肴达到软嫩、酥烂的质感。如运用煮、炖、氽等烹调方法，既能使烹饪原料达到成菜的标准，又能节省加热的时间。

（2）比热容大、易操作

水的比热容大、导热性能好，因此水可储存大量热量，加热后逐渐释放储存的热量，使烹饪原料在均匀的温度场中受热均匀。水的溶解能力强，有利于烹饪原料的入味和各种烹饪原料间滋味的融合，便于掌握色泽，还可保证水溶性营养素充分溶解在汤汁中，不受破坏或流失。

（3）化学性质稳定

水的化学性质稳定且无色、无味，较长时间受热一般不会产生对人体有害的物质，能使烹饪原料保持自身的风味特色。

2. 以油为传热介质

利用各种食用植物油或动物油脂作为传热介质的加热方式称为油传热方式。与以水为传热介质类似，油导热也是依靠传热介质向原料传热，而油脂本身受热则主要依靠热对流。其特点如下：

（1）沸点高、便于原料成熟

油脂的沸点较高，可达 300 ℃左右，并具有疏水性，高温的油脂可使烹饪原料大量失去水分，使菜肴获得香脆、酥松的口感，且能增香、上色，形成风味菜肴。此外，用油导热还能使烹饪原料迅速成熟，缩短加热时间，使一些质地鲜嫩的烹饪原料在加热过程中减少水分的流失，保持酥脆、软嫩的特色。

（2）适用性广

油的温度变化幅度大，适合于对多种不同质地的烹饪原料进行各种温度的加热，可满足多种烹调方法的需要，使菜肴形成不同的质感。

（3）便于造型及改善菜肴营养

烹饪原料经过刀工处理后再用油加热，由于蛋白质变性，会使烹饪原料形状各异，增加菜肴的美感，同时可提高蛋白质的消化吸收率。油本身既是传热介质，也是营养素之一，含有人体必需的脂肪酸、维生素等。使用油脂还有利于人们对食物中脂溶性维生素的吸收。

（4）可使烹饪原料表面上色，产生焦香气味

由于油脂高温的作用，原料表面会发生明显的焦糖化反应和羰氨反应，不仅能呈现出金黄、淡黄、棕红等诱人的色泽，还能形成特有的焦香味，如“香酥鸡”“软炸虾仁”等炸类菜肴。

3. 以气为传热介质

气传热方式包括两种情况，一是用水蒸气传热，二是用干热气体（空气、烟气）传热。

（1）以水蒸气为传热介质

水蒸气又分为低压水蒸气、常压水蒸气和高压水蒸气三种类型。低压水蒸气是在水低温蒸发状态下形成的水蒸气与空气的混合物，其气压较小，温度较低。常压水蒸气是水被加热到常压沸点时形成的水蒸气，此时水蒸气的气压等于 1 个大气压，温度也维持在 100 ℃左右。高压水蒸气则是水在一定压力容器（如蒸箱、蒸笼、高压锅、较密闭的加热锅等）中沸点升高后所形成的饱和蒸汽，一般温度在 105 ~ 125 ℃。

水蒸气传热是中式烹调较早使用的一种有效的传热方式。水蒸气的传热主要以热对流的方式进行，在烹饪原料表面凝结放热，将热量传输给烹饪原料，使其受热成熟。水蒸气传热主要有以下特点：

1）传热迅速、有效、均匀、稳定。水蒸气本身受热和水传热一样主要靠热对流方式进行。由于水蒸气在密闭的容器中，比水的沸点略高，吸收的热量多，所以使烹饪原料吸收的热量多，成熟速度快。

2）保湿、保质、保味、保形。保持烹饪原料的适当水分，是水蒸气传热的一大特点。水蒸气传热能很好地保护烹饪原料营养素不受破坏或少受损失。水蒸气不具备水的溶解性能，在传热过程中，可以保证呈味物质不致流失，保持新鲜烹饪原料的原汁原味。由于水蒸气传热不对烹饪原料产生翻转、移动，有助于保持其形状。

3）传热时不易调味。由于水蒸气传热是在密闭环境中进行的，所以传热过程中不易调味。一般采取烹制前或烹制后对烹饪原料进行调味的方法来弥补。

4）卫生清洁。以水蒸气为传热介质，不会出现油烟而污染环境，不易产生有害物质，有利于人体健康，菜肴质感老少皆宜，烹饪原料的营养成分也易于人体消化吸收。

（2）以干热气体为传热介质

以干热气体为传热介质一般用于熏、烤等烹调方法。它是使用热源将空气、烟气加热，然后通过热对流的高温气体再对烹饪原料加热，往往与热辐射同时产生，共同完成食物的熟化过程。干热气体传热方式除基本具备水蒸气传热均匀、稳定、迅速的优点外，还有以下特点：

1）加热气体干燥，可以使被加热烹饪原料表皮干燥变脆，形成熏、烤食品的独特风味。

2）由于气体比热容很小，易升温，一般又无温度上限，故可形成高温气体，适于高温加热需要。

3）烟气传热可以将特殊呈香味物质吸附在烹饪原料上，使菜肴成品形成特色风味。

4. 以固体为传热介质

以固体为传热介质指纯粹依靠热传导受热、传热。这种方式原则上要求传热介质传热迅速或热容量较大，无毒、无害，方便易得，能形成某种风味特色。选择此种方法烹制原料，要防止固态材料（如泥、砂粒）对烹饪原料直接黏附和污染。加热时虽然温度原则上无上限，但要控制好热源温度和加热时间。常见的有泥沙传热、石块传热、盐粒传热、竹筒传热等形式，如“盐焗鸡”“竹筒烤鸡”等菜肴。固体介质传热方式的特点是：

（1）受热不均匀。一般操作时传热介质（如食盐、砂粒等）必须不断翻炒或埋没烹饪原料，这样才能使烹饪原料受热均匀。

（2）菜肴成品风味独特，烹饪原料的香气和滋味不但密封无泄漏，有些还增加了包裹导热固体的特殊香气（如竹筒、荷叶的清香挥发物）。

5. 以热辐射传热

无线电波、微波、红外线、可见光波、紫外线等都是波长不同、具有不同能量的电磁辐射波，也称电磁波。它们的波长越短，单位能量越高。烹调时的热辐射主要由红外波段的直接热辐射和间接致热的微波辐射两类辐射组成。其特点是：

（1）要求热源有较高温度。

（2）热辐射传热迅速，无须介质传递。

（3）清洁卫生，不易发生介质的污染。

（4）对烹饪原料具有一定穿透能力。

（5）加热过程中不易调味。

第三节 烹制过程中原料的变化

烹饪原料在烹制过程中会发生多种理化变化，主要的物理变化有分散、渗透、熔化、凝固、挥发、凝结等，主要的化学变化有变性、糊化、水解、氧化、酯化等。烹饪原料在理化变化的作用下，其形状、色泽、质地、风味等均有所变化，研究这些变化对恰当地掌握火候，最大限度地保持食物中的营养成分，烹制色、香、味、形俱佳的菜肴具有指导意义。

一、分散作用对烹饪原料的影响

分散作用是指烹饪原料的成分从浓度较高的地方向浓度较低的地方进行扩散（还包括固态成分的溶解分散）。例如，制汤时汤料以水作为传热介质，原料所含的水分受热后其分子加速运动，促进了分散作用，可使汤汁中的各种成分均匀分布，达到一定的浓度，使汤汁味道鲜美。再如，新鲜蔬菜和水果细胞中富含水分，细胞间起连接作用的植物胶素硬而饱满，加热时胶素软化溶解于水中成为胶液，同时细胞破裂，其中部分矿物质、维生素及其他水溶性物质也溶于水中，整个组织变软。所以蔬菜和果品加热后其汤汁中含有丰富的营养素，是菜肴营养的重要组成部分，不宜弃去，应尽量食用。果品自身含果胶较多，烹制时利用分散作用，可加入少量水制成各种果酱、果冻和蜜汁类菜肴。

烹调时淀粉的变化过程最为典型。淀粉是烹制菜肴常用的辅助性烹饪原料，当其在水中被加热到 60 ~ 80 ℃时，会吸水膨胀，形成体积膨大、均匀、黏度很大的胶状物，这就是淀粉的糊化。烹调时的勾芡就是利用了淀粉的糊化，使菜肴中的汤汁变得浓稠，让汤汁完全依附在主配料的表面，使菜肴的色、香、味、形俱佳。挂糊、上浆时，淀粉与蛋白质溶胶混合，受热糊化后可在烹饪原料表层形成凝胶状保护层，从而达到保护菜肴营养成分的目的。

二、水解作用对烹饪原料的影响

烹饪原料在水中加热或在非水物质中加热，使营养素在水的作用下发生分解，属化学变化。如淀粉虽属多糖类，但本身无甜味，水解后产生部分麦芽糖和葡萄糖而略有甜味。肉类结缔组织中的胶原蛋白水解后可使烹饪原料达到软烂的质感，并成为有较大亲水性的动物胶（明胶），冷却后即凝结成冻胶，利用这一原理可制作“肉皮冻”等菜肴。蛋白质可水解成各种氨基酸，氨基酸是鲜味的主要来源之一，是水解作用的结果，故制汤时一般宜选用含蛋白质较多的烹饪原料，以充分利用蛋白质的水解作用，使汤汁醇厚。

三、凝固作用对烹饪原料的影响

凝固作用是指加热过程中，原料中蛋白质的空间结构遭到破坏，即热变性，如鸡蛋液受热后凝结成块状；肉丝在滑油时，长时间加热会使肉质变得老韧；汤中的盐使蛋白质沉淀析出等。一般来说，蛋白质的凝固过程受吸收热量的多少和电解质的影响，吸收热量越多、温度升高越快，蛋白质热变性就越快；如果溶液中有电解质存在，蛋白质的凝结速度也会加快。

食盐在烹调中起调味作用，其也是一种强电解质，可促进蛋白质的凝结。因此，在烹调蛋白质含量较多的烹饪原料时，若先加盐，则会使蛋白质过早凝结，影响烹饪原料中营养成分的溶解，并不易吸水膨胀而软烂。故制汤或用烧、炖烹调方法制作菜肴时，不宜过早放盐，以保证汤汁浓、味鲜美和菜肴成品的质感。

四、酯化作用对烹饪原料的影响

酯化作用是指醇类物质与有机酸共同加热产生具有芳香气味酯类的化学反应，如烹饪原料中的氨基酸、核酸、脂肪酸，食醋中的乙酸与料酒中的乙醇共热均可发生不同程度的酯化反应。酯类具有较强的挥发性，有极浓的芳香气味，故有些动物性原料在烹调加热时烹入适量料酒，尤其做鱼时烹入适量料酒、食醋，不仅能增加芳香气味，还可以去腥解腻。

五、氧化作用对烹饪原料的影响

氧化作用是一种化学反应，在烹调加热时食用油脂及维生素最易发生氧化反应。油脂的加热是暴露在空气中的，此时油脂与空气中的氧在高温下直接接触，发生高温氧化反应，这与常温下油脂的自然氧化是有区别的。高温氧化所产生的某些醛、醇、酸及过氧化物对人体危害极大，所以烹调中使用的油脂要避免高温反复加热，且油脂要经常更换。

烹饪原料中，多数维生素在加热时与空气接触就很容易被氧化破坏，并使烹饪原料变色。如果再与碱性物质和铜器接触，氧化更为迅速。烹饪原料在烹调时损失最多的是维生素，尤以维生素 C 最甚，其次是维生素 B_1、维生素 B_2 等。这些维生素多存在于新鲜蔬菜中，所以在烹制蔬菜原料时要采用旺火速成的烹调方法，如爆、炒等。另外，烹调时要尽量减少原料在炒锅内的加热时间，且不宜放碱性物质及选用铜制炊具。

六、其他作用对烹饪原料的影响

烹饪原料在加热过程中，除产生上述变化外，还会产生其他各种各样的理化变化。例如，油脂经高温处理会产生一些芳香物质，肉类蛋白质与糖在高温下发生美拉德反应，淀粉及其他糖类物质的糊精反应及焦糖化反应，形成金黄和棕红色等。这些反应相互作用，对菜肴的色、香、味、形、质、养等都会产生不同的影响。

思考与练习

问答题

1. 学习火候知识对烹制菜肴有何意义？
2. 如何鉴别火力？
3. 火候的本质及其作用是什么？
4. 试举例说明如何掌握火候及掌握火候的一般原则。
5. 烹制菜肴时的热源应具备哪些条件？
6. 如何正确识别油温？怎样掌握控制好油的温度？
7. 试比较相同烹饪原料在烹制时运用不同的传热方式、传热介质，其菜肴成品质量的异同。

第七章 体能训练基本功

学习目标

1. 了解体能训练的作用
2. 掌握各种体能训练的方法
3. 能运用各种方法进行体能训练

体能是身体机能对抗外界负荷的能力，一般分为力量、速度、耐力、柔韧性、灵敏度等。烹饪是一项劳动强度大、操作时间长、消耗体力多的工作，因而对从事烹饪工作人员的身体素质要求很高。例如，刀工操作时，不仅需要持久的体力和耐力，还需要灵活的腕力和臂力；临灶时，不仅需要腕力和臂力，还要有一定的爆发力和速度。因此，体能训练对于做好烹饪工作非常重要。

第一节　认识烹饪体能训练

烹饪体能训练就是通过体能训练增强从事烹饪工作人员的体能，使其能胜任烹饪工作，圆满地完成生产任务。

一、体能与体能训练

1. 体能训练的含义

体能训练是提高克服阻力能力、提升快速动作能力和持续工作能力，并避免劳动伤害的重要保障。体能训练可增加肌肉耐力、心肺功能、敏捷度及自信心。通过长期的体能训练，可不断提高烹饪人员的身体素质，对其做好烹饪工作产生积极的促进作用。

2. 体能的分类

依据职业分类目录，结合各职业岗位劳动（工作）时的主要身体姿态，将职业岗位归类于坐姿类、站姿类、变姿类、工厂操作类和特殊岗位类五种身体劳动姿态。烹饪岗位属于工厂操作类，其体能训练主要包含站姿、腕力、臂力、腿力等训练内容。

3. 影响体能的因素

（1）能提供人体能量来源的物质有很多，如糖、脂肪、蛋白质等，因此在日常生活中要注意营养素的摄取，并且要均衡、全面、够量。

（2）自身条件、训练时间长短等方面都将对体能训练有很大的影响，因此训练体能要根据自身情况量力而行。

（3）意志力在体能训练中将起到非常大的作用，要有不怕吃苦、持之以恒的态度，才能收到良好的训练效果。

二、烹饪体能训练

1. 烹饪体能训练的意义

（1）良好的体能是烹饪技术训练的基础。保持良好的体能可以使我们的身体更加健康、精力更加充沛。烹饪操作是一项劳动强度大、操作时间长、消耗体能多的工作，因此，具有健康的体魄是做好烹饪工作的前提条件。

（2）良好的体能有助于培养良好和稳定的心理素质。体能是形成稳定、良好心理状态的基础，它有助于坚定学习技能的信心和操作技能的发挥。

（3）良好的体能是完成工作任务的需要。烹饪工作需要较好的耐力，这是烹饪工作者必须具备的一个条件。初学者往往在基本功训练时因坚持的时间不长、耐力不足，而影响今后的工作，如站墩时间短、切配速度慢、临灶操作质量不高等。

2. 烹饪体能训练的原则

（1）烹饪体能训练是件很枯燥的事，如果只采用一种方式，很快就会失去兴趣。没有了兴趣，效果自然要打折扣。利用多种方式训练有利于保持体能训练的积极性。

（2）烹饪体能训练是一个系统性过程，既要注重整体性的提高，又要加强局部的专项耐力训练。

（3）超负荷训练是为了取得更佳的训练效果，因此每次训练的负荷量都有必要超过平时的基本要求，否则难以取得更好的效果。

（4）恢复性体能训练是加速人体新陈代谢的过程，必须有足够的休息和能量作为保证，以促进受训者恢复体能，使正常训练得以持续进行。比较积极的恢复手段是针对不同肌肉进行间歇交替式训练。

3. 注意事项

（1）安全第一，如果身体受伤，可能会影响整个训练计划的进度。

（2）要定期测试，以检查训练效果，同时调整训练强度、时间和方式。

（3）有效利用现有的场地、器材、时间等资源。

（4）要制订完整、科学的训练计划。

（5）要坚持长期不间断的训练。每种训练进行一段时间以后，都要测试取得的效果，根据测试结果及时调整训练计划。

（6）除了按照既定的训练内容外，还可以寻找或尝试更多的训练手段，以确定哪些对自己更有帮助或效果更好。

思考与练习

问答题

1. 简述体能训练的含义。

2. 简述烹饪体能训练的意义。

第二节　腕力、臂力和腿力训练

在烹饪实际工作中，刀工基本功和锅工基本功操作主要运用的是腕力、臂力和腿力。刀工操作时，一般运用腕力较多，但在进行剁或砍时就要用到臂力；锅工操作时，由于锅与原料较重，需要较强的臂力和腕力，同时也需要有腿部的力量支撑。因此，加强腕力、臂力和腿力的训练显得尤为重要。

一、腕力训练

手腕是人体用得最多的关节之一，也是人体较脆弱的关节，容易发生拉伤、扭伤等问题。手腕力量的训练要科学进行，以免发生损伤。

1. 牵引上肢

（1）训练目的：锻炼手腕、手臂部肌肉，促进上肢灵活性。

（2）训练方法：双手握住手柄，左右手交替牵拉绳索，通过手臂的上下交替运动，使肩关节、手臂、手腕及相关部位的肌肉得到锻炼。

（3）训练量：每组锻炼 2 ~ 3 分钟，做 2 ~ 3 组。

（4）训练要求：注意双手的力度和协调性，动作要舒展。

2. 持物屈伸

（1）训练目的：锻炼手腕、手臂的力量及平衡感。

（2）训练方法：双脚分开且与肩同宽，然后坐在凳子上，大腿与地面平行，双手紧握哑铃，前臂放在大腿上，反握或正握哑铃，手腕用力，进行屈伸练习。

（3）训练量：连续做 15 次为一组。

（4）训练要求：练习要持之以恒，循序渐进。肘腕要固定，动作要慢，身体要保持自然状态。可根据体能情况逐步增加练习的强度。

牵引上肢

持物屈伸

3. 俯卧撑

（1）训练目的：俯卧撑主要锻炼的肌肉群有胸大肌和肱三头肌，同时还锻炼三角肌前束、前锯肌和喙肱肌及身体的其他部位。其主要作用是提高上肢、胸部、腰背和腹部肌肉的力量。

俯卧撑

（2）训练方法：双手支撑身体，双臂垂直于地面，两腿向身体后方伸展，依靠双手和两脚的脚尖保持平衡，保持头、颈、背、臀部以及双腿在一条直线上。动作重点：全身挺直，平起平落。

（3）训练量：连续做 15 次为一组。

（4）训练要求：要循序渐进，由易到难、由少到多、由轻到重进行锻炼。根据自己的身体情况，选择适宜的练习方法，控制运动负荷，防止受伤和肌肉僵硬。

二、臂力训练

1. 曲臂持沙

（1）训练目的：锻炼手臂的力量及耐力。

（2）训练方法：身体自然站立，左手将炒锅端起，左臂贴身夹紧，上臂与下臂弯曲成 90° 角。重量按 500 克、1 000 克、1 500 克三个量级渐次向锅内增加沙子。

（3）训练量：时间逐渐延续到 3 分钟。

（4）训练要求：练习要持之以恒，循序渐进。端锅时要端平端稳，防止沙子外撒。根据体能情况逐步增加练习的频率。

2. 直臂持沙

（1）训练目的：锻炼手臂的力量及耐力。

（2）训练方法：身体自然站立，左手将炒锅端起，左臂向前伸直，在左臂上下方各拉一条直线，两线相距 25 厘米，以手臂上下摆动不碰线为标准。重量按空锅、500 克、1 000 克三个量级渐次向锅内增加沙子。

（3）训练量：时间逐渐延续到 2 分钟。

（4）训练要求：练习要持之以恒，循序渐进。端锅时要端平端稳，防止沙子外撒，控制好摆动的幅度。根据体能情况逐步增加练习的频率。

曲臂持沙

直臂持沙

3. 单杠

（1）训练目的：锻炼双臂及胸部、肩部和背部的肌肉力量。

（2）训练方法：

1）悬垂。跳起前握（或后握）单杠，身体呈悬垂状。

2）引体向上。用力上拉身体至下颌越过杠面。

（3）训练量：

1）悬垂 40 ~ 60 秒 / 组，做 2 ~ 3 组。

2）引体向上 5 ~ 6 个 / 组，做 2 ~ 3 组。

（4）训练要求：单杠训练有一定难度，要有持久性。抓住单杠后身体不要左右摆动，保持稳定，两手握杠间距不可过宽或过窄。可根据体能情况逐步增加练习的频率。

单杠

4. 双杠

（1）训练目的：锻炼双臂及胸部、肩部和背部的肌肉力量。

（2）训练方法：

1）支撑前进。跳上双杠用两臂支撑，两臂依次前进，到杠端后跳下。

2）臂屈伸。由支撑开始，两臂同时弯曲，身体下落，再用力支撑伸直。

（3）训练量：

1）支撑前进 2 ~ 3 次 / 组，做 2 ~ 3 组。

2）臂屈伸 5 ~ 8 次 / 组，做 2 ~ 3 组。

（4）训练要求：练习要持之以恒，循序渐进。训练时手要抓紧双杠，以免手滑摔伤。可根据体能情况逐步增加练习的频率。

三、腿力训练

1. 大腿力量训练

（1）训练目的：锻炼大腿的力量及耐力。

（2）训练方法：大腿与地面平行，做“鸭步”状行走。

（3）训练量：30 米一组，5 组一次，中间不休息。

（4）训练要求：练习要持之以恒，循序渐进。注意动作协调，根据体能情况逐步增加练习的频率。

2. 小腿力量训练

（1）训练目的：锻炼小腿的力量及耐力。

（2）训练方法：踮脚跳，大腿不用力。

（3）训练量：30 米一组，5 组一次，中间不休息。

（4）训练要求：练习要持之以恒，循序渐进。注意动作协调，根据体能情况逐步增加练习的频率。

踮脚跳

3. 半蹲跳

（1）训练目的：锻炼腿部的力量及爆发力。

（2）训练方法：身体自然站立，两脚分开且与肩同宽，肩负杠铃，慢慢向下蹲，蹲至膝关节接近 90° 时跳动。

（3）训练量：重复 8 ~ 10 次。

（4）训练要求：杠铃的重量要合适，一般是本人承受最大重量的 50%。跳动时要由慢到快进行训练。

半蹲跳

4. 双人坐蹬训练

（1）训练目的：锻炼大腿肌肉和爆发力，增强腰部肌肉力量。

（2）训练方法：训练者坐在器械座椅上，背部靠实，挺胸抬头，双手握器械立柱，脚蹬住踏板，随着腿用力蹬伸身体后移，直到腿蹬直后再缓慢恢复到原位。

（3）训练量：每组训练 15 ～ 20 次，做 2 ～ 3 组。

（4）训练要求：练习要持之以恒，循序渐进。用力不可过猛，复位时要注意速度，根据体能情况逐步增加练习的频率。

双人坐蹬训练器

思考与练习

问答题

1. 如何进行腕力训练？
2. 如何进行臂力训练？
3. 如何进行腿力训练？